DIESES COOLE MATHE ÜBUNGS HEFT

Schreibe deinen Namen.

GEHÖRT: ______________________________

KLASSE: ____________ MEIN ALTER: ____________

MEINE HOBBIES: ______________________________

MEINE LIEBLINGSFARBE: ______________________________

ICH ALS LAMA:

Male dich als Lama!

MEINE LIEBLINGSZAHLEN:

SCHULE FINDE ICH:

Kreise ein.

LOS GEHT'S! 1 · 2 · 3 · 4 · 5 · 6

7 · 8 · 9 · 10 · 11 · 12

13 · 14 · 15 · 16 · 17 · 18 NICHT SCHLECHT!

19 · 20 · 21 · 22 · 23 · 24

HEY DU!

Willkommen im Lama-Club. Cool, dass du mit mir Mathe übst!

Für jede Seite, die du in diesem Heft bearbeitest, darfst du einen Lama-Kreis anmalen. Am Ende kannst du so deinen Lama-Level und damit auch deine Pupskraft berechnen.

Pupskraft??? Richtig gehört! Sei gespannt und rechne, was das Zeug hält! Viel Spaß dabei.

Dein COOLLAMA®

25 · 26 WEITER SO! · 27 · 28 · 29 · 30 · 31 · 32 · 33 · 34

35 · 36 · 37 · 38 · 39 · 40 COOLE SACHE! · 41 · 42 · 43 · 44

45 · 46 · 47 MEGA! · 48 · 49 · 50 · 51 · 52 · 53 · 54

55 · 56 · 57 · 58 · 59 · 60 · 61 WOW!

Deinen Lama-Level erfährst du auf Seite 64.

BLUMENWIESE

↖ Das hat so geklappt … Kreise ein.

Zeigst du dem Lama den Weg zur Blumenwiese?
Rechne und male deine Ergebniszahlen an.

2	9	12	3	5	0	7
5	9	9	9	9	9	19
0	8	20	8	14	12	2
8	3	1	7	2	12	14
19	0	13	13	15	14	3
10	11	11	8	15	14	8
10	1	0	3	20	5	1

Deine erste Ergebniszahl ist 10. Male einmal die 10 an.

a) 6 + 4 = 10
4 + 6 = ☐

d) 7 + 8 = ☐
8 + 7 = ☐

g) 6 + 3 = ☐
3 + 6 = ☐

Erinnerst du dich? Bei Tauschaufgaben spielt die Reihenfolge der addierten Zahlen keine Rolle.

b) 8 + 3 = ☐
3 + 8 = ☐

e) 5 + 9 = ☐
9 + 5 = ☐

h) 2 + 7 = ☐
7 + 2 = ☐

c) 9 + 4 = ☐
4 + 9 = ☐

f) 4 + 8 = ☐
8 + 4 = ☐

i) 4 + 5 = ☐
5 + 4 = ☐

1. Löse die Plus- und Minuseimer.

Erinnerst du dich?
Eine Nachbaraufgabe ist leicht zu lösen:
Wenn 4+6=10, dann ist 4+7=...?

So geht's:
2 + 7 = 9

+	7	8
2	9	
12		

+	6	7
4		
14		

+	4	5
5		
15		

–	5	6
6	1	
16		

–	3	4
9		
19		

–	7	8
8		
18		

–	8	9
10		
20		

Erinnerst du dich?
Die kleine Aufgabe hilft
bei der großen Aufgabe:
Wenn 6–5=1 dann ist
16–5=...?

2. Rechne zuerst bis zum Zehner und dann weiter.

9 + 7 = 9 + 1 + 6 = 16

8 + 8 = __ + __ + __ = ☐

7 + 5 = 7 + __ + __ = ☐

8 + 4 = __ + __ + __ = ☐

6 + 8 = 6 + __ + __ = ☐

4 + 7 = __ + __ + __ = ☐

18 - 9 = 18 - 8 - 1 = ☐

11 - 5 = __ - __ - __ = ☐

16 - 8 = 16 - __ - __ = ☐

13 - 9 = __ - __ - __ = ☐

14 - 7 = 14 - __ - __ = ☐

15 - 8 = __ - __ - __ = ☐

RECHEN-RÄDER

1. Rechne.

9 + 11 = 20 20 − 11 = ☐	14 + 5 = ☐ ___ − 5 = 14	9 + 5 = ☐ ___ − 5 = ☐	6 + 7 = ☐ ___ − ___ = ☐

Erinnerst du dich?
Eine Umkehraufgabe macht die vorherige Rechnung rückgängig.

20 − 5 = ☐ 15 + 5 = ☐	19 − 11 = ☐ ___ + 11 = 19	14 − 5 = ☐ ___ + 5 = ☐	20 − 12 = ☐ ___ + ___ = ☐

2. Löse die Rechen-Räder.

10 + 5 = 15

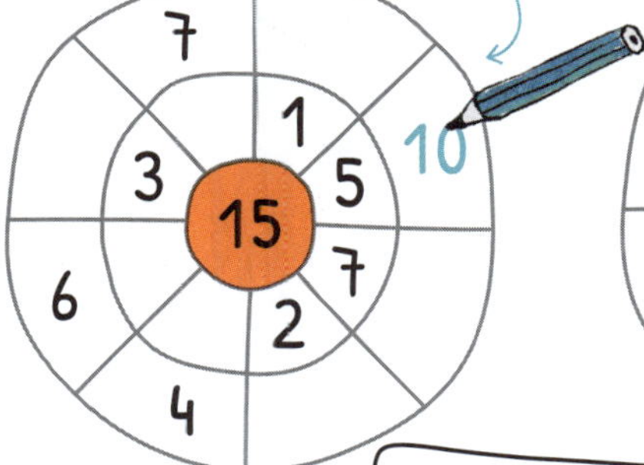

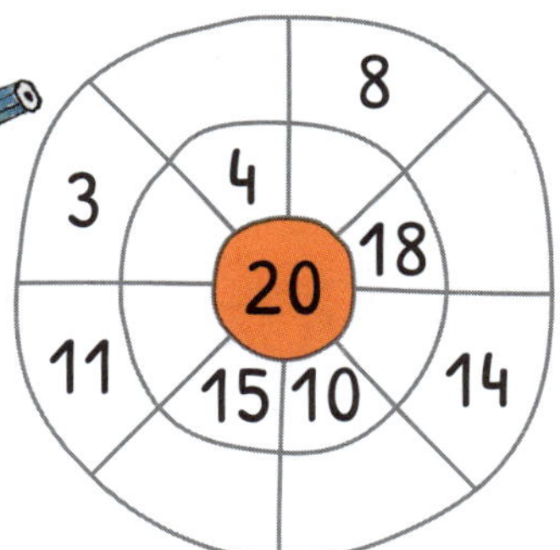

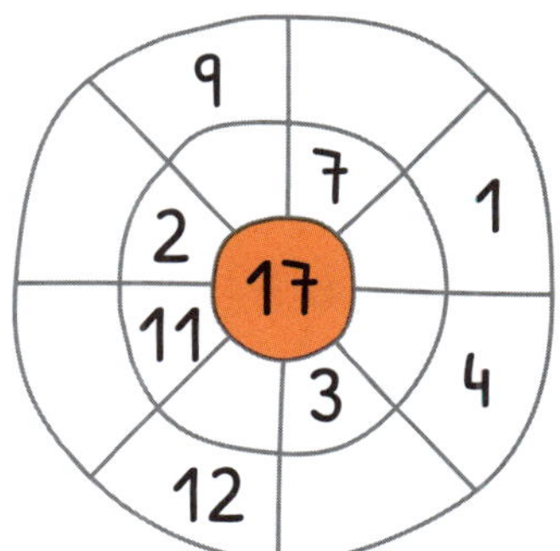

Tipp: Nutze die Umkehraufgabe.
Zum Beispiel: 15 − 5 = 10

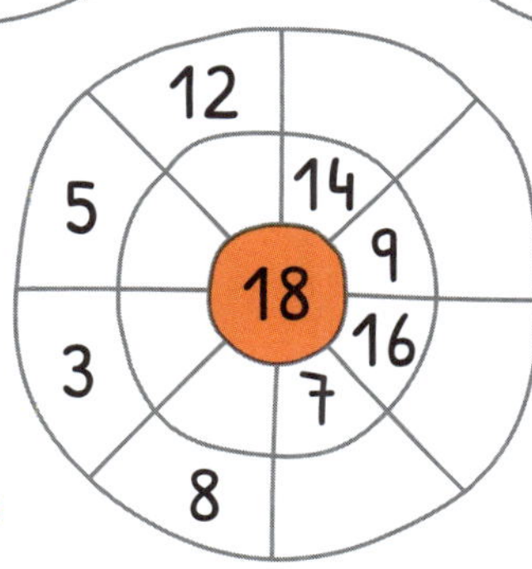

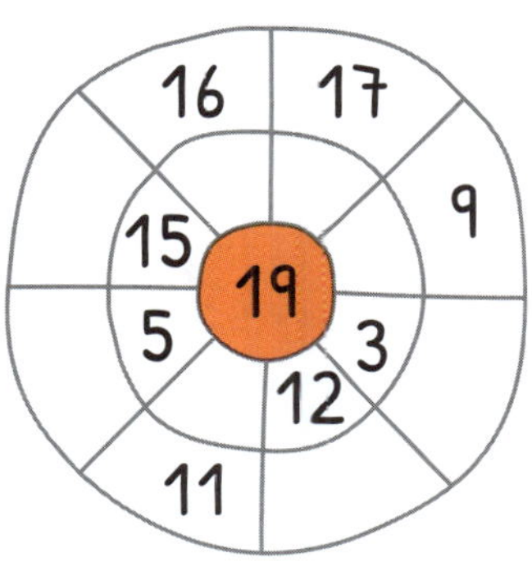

Für digitalen Rechenspaß im Zahlenraum bis 20 gehe zu: www.coollama.de/u522

AM STRAND

Lani sucht ihre Sonnenbrille.
Rechne und trage die Buchstaben ein.
Dann weißt du, wo die Sonnenbrille steckt.

1. Rechne aus.

8 + 8 =	16	N
17 - 9 =		D
11 + 6 =		E
14 - 7 =		H
15 + 5 =		I
9 - 6 =		T
4 + 5 =		E
20 - 1 =		R
9 + 6 =		M
19 - 14 =		E
9 + 9 =		R
16 - 3 =		M
6 + 8 =		I
19 - 18 =		E

2. Trage den Buchstaben, der hinter der Rechnung steht, bei deiner Ergebniszahl ein.

7	20	16	3	17	18
		N			

8	1	13

9	14	15	5	19

EIN TAG IM HERBST

Die Zwillinge Mia und Max planen einen schönen Herbsttag.
Findest du heraus, was sie erleben und sammeln wollen?
Rechne und male das Ergebnisfeld in der passenden Farbe an.

9 + 11 = 20

7 + 4 = ☐

9 + 9 = ☐

16 − 6 = ☐

16 − 4 = ☐

11 + 8 = ☐

20 − 13 = ☐

13 − 7 = ☐

18 − 5 = ☐

1. Löse die Zahlenmauern.

So geht's:

	15	
7 +	8	
2 +	5 +	3

4	4	4

7	3	2

6	5	2

	7	
3	4	

	20	
10		
		5

9		
	4	6

	17	
12		
		1

9		
3		2

	11	
	4	
	3	

	7	
9	3	

	20	
	5	
12		

2. Rechne.

16 + 4 = 20
18 – ___ = 14
10 + ___ = 19

17 – ___ = 11
9 + ___ = 15
6 + ___ = 14

7 – ___ = 2
8 + ___ = 16
12 – ___ = 6

Lust auf mehr?
Für weitere Platzhalter-Aufgaben gehe zu:
www.coollama.de/u523

Beispiel: 10 4 6

	4	+		6	=	1	0
	6	+		4	=	1	0
1	0	−		4	=		6
1	0	−		6	=		4

Bilde mit den Zahlen Aufgabenfamilien.

		+			=		
		+			=		
		−			=		
		−			=		

		+			=		
		+			=		
		−			=		
		−			=		

		+			=		
		+			=		
		−			=		
		−			=		

		+			=		
		+			=		
		−			=		
		−			=		

		+			=		
		+			=		
		−			=		
		−			=		

		+			=		
		+			=		
		−			=		
		−			=		

PÄRCHEN

Ein Lama kommt selten allein,
aber wer gehört zusammen?
Rechne die Aufgaben aus
und male die Lamas mit dem
gleichen Ergebnis in der gleichen
Farbe an.

20 - 12 =

8 + 8 =

12 + 7 =

4 + 15 =

14 + 6 =

15 - 11 =

17 - 8 =

20 - 4 =

16 - 8 =

18 - 9 =

16 + 4 =

17 - 13 =

Rechne und verdiene dir einen Ehrenköttel.
Du schaffst das!

1.

11 + 2 = ☐	4 + 3 = ☐	9 – 5 = ☐	14 – 3 = ☐
11 + 3 = ☐	5 + 3 = ☐	9 – 6 = ☐	15 – 3 = ☐

2.

4 + 2 = ☐	5 + 3 = ☐	7 – 4 = ☐	8 – 6 = ☐
14 + 2 = ☐	15 + 3 = ☐	17 – 4 = ☐	18 – 6 = ☐

3.

9 + 8 = ☐	14 + 2 = ☐	9 – 8 = ☐	14 – 5 = ☐
___ – 8 = 9	___ – 2 = 14	___ + 8 = 9	___ + 5 = 14

4.

☐	☐	☐	17
☐ ☐	☐ 9	11 8	8 ☐
2 6 4	4 ☐ 2	☐ 3 ☐	☐ 1 ☐

5.

3 + ___ = 5	18 + ___ = 20	6 + ___ = 11	13 – ___ = 8
17 – ___ = 14	15 – ___ = 12	12 – ___ = 6	14 – ___ = 10
12 + ___ = 20	9 – ___ = 4	13 + ___ = 17	15 + ___ = 20

6. Quizfrage: Welcher Baum hat keine Wurzeln?

Kontrolliere auf Seite 67 und umkreise deinen Köttel.

meine erreichten Punkte ☐

23–31 Punkte | 32–40 Punkte | 41–49 Punkte

ROCKSTAR-LAMA

Welches Lied spielt das Rockstar-Lama? Finde den Weg durch das Labyrinth. Notiere nacheinander die Buchstaben, die dir auf deinem Weg begegnen.

Lass dir das Lied von deinen Eltern vorspielen. Gefällt es dir?

Ich spiele _ _   _ _ _ _ _   _ _ _ _ _   _ _ _ _ !

LAMA-LOGIK

Welche Zahlen verstecken sich unter den Lamas?

1. Fülle alle freien Felder der Hundertertafel aus.

2. Schaue auf welcher Position das Lama sitzt.

1		3	4	5	6	7	8	9	10
11									20
21									30
									40
41									
51									60
61									70
71									80
81									90
91	92	93	94	95	96	97		99	100

1	2	3	4	5	6	7	8		10
									20
21									30
31									40
41									50
51									
61									70
									80
81									90
	92	93	94	95	96	97	98	99	100

1. Huch, wer versteckt sich denn hier? Verbinde die Punkte der Größe nach, beginnend bei der kleinsten Zahl.

Lust online bis 100 zu rechnen?
www.coollama.de/u532

2. Rechne.

2 + 1 =	4 + 3 =	5 + 5 =	2 + 7 =
20 + 10 =	40 + 30 =	50 + 50 =	20 + 70 =
4 - 2 =	9 - 5 =	8 - 7 =	7 - 5 =
40 - 20 =	90 - 50 =	80 - 70 =	70 - 50 =
8 + 2 =	3 + 6 =	4 + 5 =	7 + 3 =
___ + ___ =	___ + ___ =	___ + ___ =	___ + ___ =

Meine Zahl hat 5 Einer.
Welches Lama bin ich? ☐

Schreibe die Zahl des richtigen Lamas in das Kästchen.

Meine Zahl ist die größte Zahl.
Welches Lama bin ich? ☐

Meine Zahl hat 7 Zehner.
Welches Lama bin ich? ☐

Meine Zahl ist die kleinste Zahl.
Welches Lama bin ich? ☐

Meine Zahl hat genauso viele Einer wie Zehner.
Welches Lama bin ich? ☐

Welches Lama ist ☐ nicht beschrieben?

Meine Zahl ist doppelt so groß wie die kleinste Zahl.
Welches Lama bin ich? ☐

Meine Zahl ist die kleinste gerade Zahl.
Welches Lama bin ich? ☐

TABELLEN-TRUBEL

1. Löse die Tabellen.

So geht's: 0+2=2

+	2	5
0	2	
10		
20		
30		
40		
50		
60		
70		
80		
90		

+	3	7
0		
10		
20		
30		
40		
50		
60		
70		
80		
90		

Hier geht's mit minus weiter!

–	2	5	10
10			
20			
30			
40			
50			
60			
70			
80			
90			
100			

2. Rechne.

5 + 10 = 15
15 + 10 =
25 + 10 =

9 + 10 =
19 + 10 =
29 + 10 =

6 + 10 =
16 + 10 =
26 + 10 =

8 + 10 =
18 + 10 =
28 + 10 =

18 – 10 =
28 – 10 =
38 – 10 =

14 – 10 =
24 – 10 =
34 – 10 =

17 – 10 =
27 – 10 =
37 – 10 =

15 – 10 =
25 – 10 =
35 – 10 =

___ + 10 = 17
___ + 10 = 27
___ + 10 = 37

___ – 10 = 6
___ – 10 = 16
___ – 10 = 26

___ + 10 = 14
___ + 10 = 24
___ + 10 = 34

___ – 10 = 3
___ – 10 = 13
___ – 10 = 23

KÖTTEL-DREIECKE

1. Rechne.

20 + 10 = 30 ___ – 10 = 20	50 + 40 = ☐ ___ – 40 = 50	60 + 30 = ☐ ___ – 30 = ☐	20 + 50 = ☐ ___ – 50 = ☐
80 – 20 = ☐ ___ + 20 = ☐	100 – 50 = ☐ ___ + 50 = ☐	70 – 40 = ☐ ___ + 40 = ☐	100 – 80 = ☐ ___ + 80 = ☐

2. Ergänze die Dreiecke. Jede Seite hat das gleiche Ergebnis.

immer 30

15+5+10=30 10+10+10=30

- Spitze: 10; Mitte links: 5, Mitte rechts: 10; unten: 15 – 5 – 10
- Spitze: 20; Mitte links: 0, Mitte rechts: ☐; unten: 10 – ☐ – 8
- Spitze: 13; Mitte links: ☐, Mitte rechts: ☐; unten: 11 – ☐ – 10

immer 50

- Spitze: 20; Mitte links: ☐, Mitte rechts: ☐; unten: 10 – ☐ – 10
- Spitze: 25; Mitte links: ☐, Mitte rechts: ☐; unten: 10 – ☐ – 0
- Spitze: 5; Mitte links: ☐, Mitte rechts: ☐; unten: 20 – ☐ – 15

immer 100

- Spitze: 50; Mitte links: ☐, Mitte rechts: ☐; unten: 40 – ☐ – 20
- Spitze: 30; Mitte links: ☐, Mitte rechts: ☐; unten: 20 – ☐ – 65
- Spitze: 75; Mitte links: ☐, Mitte rechts: ☐; unten: 25 – ☐ – 5

COOLER RECHENTRICK

Beim Rechnen mit großen Zahlen hilft es oft, in Schritten zu addieren.

Erst die Zehner ...

27 + 12 = ?

27 + 10 = 37

37 + 2 = 39

... dann die Einer.

Mia Mathe, Fan von Sonnenbrillen und Rechentricks

Hier noch mal am Zahlenstrahl ...

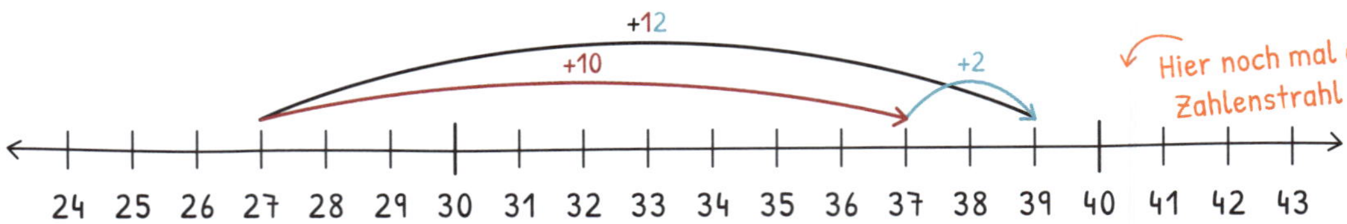

2. Probiere den Trick! Zähle zuerst die Zehner und dann die Einer hinzu und finde heraus, was Fressi gerne frisst.

1. Rechne aus.

16 + 15 = 16 + 10 + 5 = 31 B
44 + 16 = 44 + 10 + 6 = ___ I
27 + 31 = ___ + ___ + ___ = ___ I
84 + 16 = ___ + ___ + ___ = ___ E
59 + 24 = ___ + ___ + ___ = ___ Ä
75 + 15 = ___ + ___ + ___ = ___ H
23 + 28 = ___ + ___ + ___ = ___ E

18 + 63 = ___ + ___ + ___ = ___ L
46 + 25 = ___ + ___ + ___ = ___ E
62 + 15 = ___ + ___ + ___ = ___ R
39 + 24 = ___ + ___ + ___ = ___ C
17 + 82 = ___ + ___ + ___ = ___ S
14 + 19 = ___ + ___ + ___ = ___ G
78 + 13 = ___ + ___ + ___ = ___ R

2. Trage den Buchstaben, der hinter der Rechnung steht, bei deiner Ergebniszahl ein.

60	63	90

81	58	100	31	71
			B	

33	77	83	99	51	91

LAMASCHRITTE

COOLER RECHENTRICK

Der Trick mit den Zehnern und Einern funktioniert nicht nur beim Addieren, sondern auch beim Subtrahieren!

Erst die Zehner …

86 - 14 = ?

86 - 10 = 76

76 - 4 = 72

… dann die Einer.

Mia Mathe kennt noch mehr Rechentricks!

Hier noch mal am Zahlenstrahl …

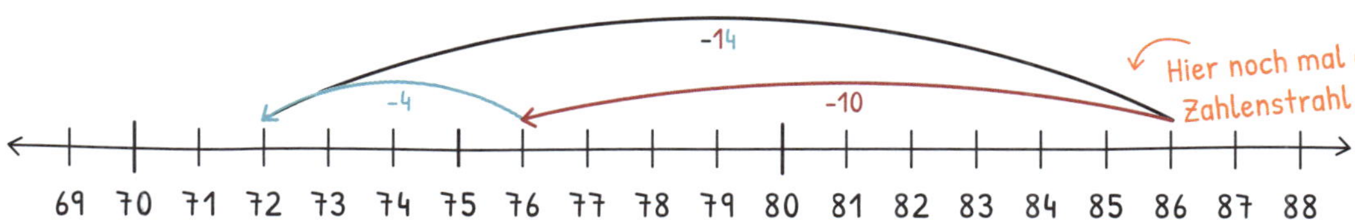

2. Ziehe zuerst die Zehner und dann die Einer ab und finde heraus, was Billi am liebsten frisst.

1. Rechne aus.

36 - 14 = 36 - 10 - 4 = ☐ D

83 - 24 = ___ - ___ - ___ = ☐ C

90 - 77 = ___ - ___ - ___ = ☐ I

100 - 27 = ___ - ___ - ___ = ☐ E

96 - 45 = ___ - ___ - ___ = ☐ O

63 - 54 = ___ - ___ - ___ = ☐ E

85 - 46 = ___ - ___ - ___ = ☐ F

92 - 56 = ___ - ___ - ___ = ☐ L

84 - 63 = ___ - ___ - ___ = ☐ E

76 - 65 = ___ - ___ - ___ = ☐ R

72 - 46 = ___ - ___ - ___ = ☐ P

94 - 56 = ___ - ___ - ___ = ☐ K

88 - 33 = ___ - ___ - ___ = ☐ Ä

99 - 14 = ___ - ___ - ___ = ☐ T

2. Trage den Buchstaben, der hinter der Rechnung steht, bei deiner Ergebniszahl ein.

22	13	59	38	21
D				

11	51	85	73

55	26	39	9	36

WO IST MEINE KOPPEL?

1. Hilf den Lamas und zeige ihnen ihre Koppel.

2. Rechne.

Fällt dir bei den Aufgaben etwas auf?

Die erste Zahl wird immer um eins größer, die zweite Zahl um eins kleiner. Und das Ergebnis?

25 + 25 = 50	30 + 30 =	43 + 27 =
26 + 24 =	31 + 29 =	44 + 26 =
27 + 23 =	32 + 28 =	45 + 25 =

75 − 25 =	80 − 20 =	92 − 22 =
76 − 26 =	81 − 21 =	93 − 23 =
77 − 27 =	82 − ___ =	94 − ___ =

Lust online bis 100 zu rechnen?
www.coollama.de/u532

Hey, cool, dass du da bist!

Ich bin Bo, dein persönlicher Fitnesstrainer.
Jetzt machen wir mal eine Pause vom Rechnen und werden sportlich.

Bo Body, geprüfter und gefürchteter Fitnesstrainer

LOS GEHT'S!

1. Hampelmänner: 10 Stück!
2. Luftboxen : Zähle bis 10!
3. Auf einem Bein stehen: Zähle bis 10!
4. Kniebeugen: 10 Stück!

Außer Puste? So muss es sein!

Einmal kurz durchatmen und dann das Training noch einmal wiederholen.
Wechsle dabei auch das Bein.

Fertig? High Five!

Übermorgen ist wieder Training.
Gleicher Ort, gleiche Zeit.
Dein Bo Body

Hilf Franzl beim Lösen der Strohballen.

alle Strohballen-Zahlen zusammen ergeben:

Strohballen			Eimer
20	10	20	50
30	15	15	
42	8	20	
45	5	16	
31	10	12	
26	14	33	
21	19		74
25		26	58
	15	22	67
			55
			66
			77

Rechne und verdiene dir einen Ehrenköttel.
Du schaffst das!

1.

6 + 3 = ☐ 5 + 4 = ☐ 8 − 3 = ☐ 7 − 5 = ☐
60 + 30 = ☐ 50 + 40 = ☐ 80 − 30 = ☐ 70 − 50 = ☐

2.

40 + 20 = ☐ 40 + 30 = ☐ 70 + 30 = ☐ 40 + 50 = ☐
___ − 20 = 40 ___ − 30 = 40 ___ − 30 = ☐ ___ − 50 = ☐

3.

18 + 12 = 18 + ___ + ___ = ☐ 64 − 22 = 64 − ___ − ___ = ☐
24 + 36 = ___ + ___ + ___ = ☐ 24 − 16 = ___ − ___ − ___ = ☐
33 + 49 = ___ + ___ + ___ = ☐ 53 − 17 = ___ − ___ − ___ = ☐

4.

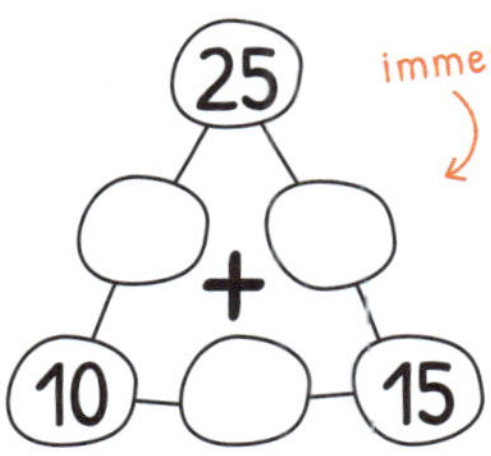

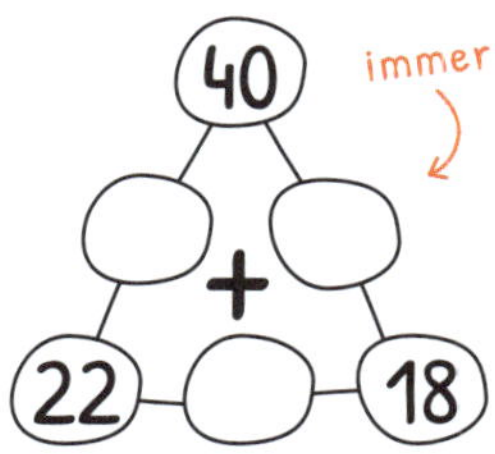

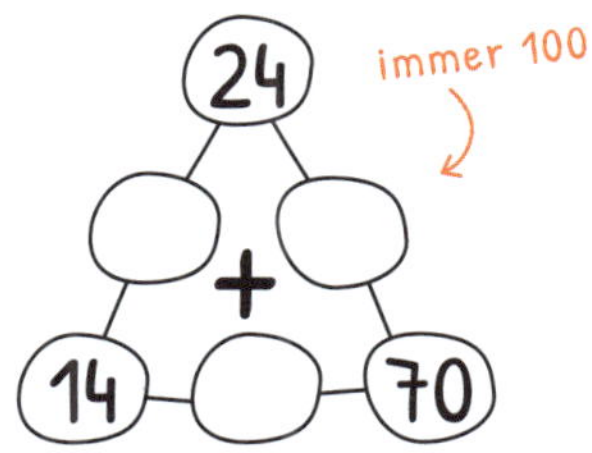

5.

6. Quizfrage: Was hat zwei Flügel und kann nicht fliegen?

meine erreichten Punkte ☐

27–35 Punkte 36–44 Punkte 45–53 Punkte

Kontrolliere auf Seite 69 und umkreise deinen Köttel.

WAS MAG ICH NICHT

Wen oder was mag ich gar nicht? Suche in der Buchstabenbox nach 10 Wörtern und finde es heraus.

R	W	R	E	G	E	N	R	H	I
P	U	P	P	E	N	L	M	U	S
D	K	Ä	F	E	R	A	R	V	I
I	Ä	P	A	K	G	S	O	U	N
X	L	E	R	N	E	N	R	S	G
S	T	W	C	K	M	Ä	U	S	E
Q	E	O	K	E	Ü	A	S	J	N
X	W	U	P	K	S	E	N	Ü	W
J	S	I	T	Z	E	N	C	K	A
R	Ä	L	S	P	I	N	N	E	N

1. ______________________ 6. ______________________

2. ______________________ 7. ______________________

3. ______________________ 8. ______________________

4. ______________________ 9. ______________________

5. ______________________ 10. ______________________

Finde zu jedem Bild die passende Plus- und Malaufgabe.

2 + 2 = 4

2 · 2 = 4

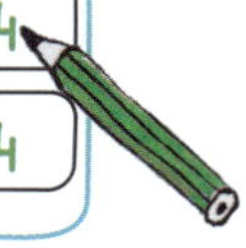

2 + 2 + 2 = ☐

3 · 2 = ☐

1 + 1 + 1 + 1 = ☐

4 · 1 = ☐

2 + 2 + 2 + 2 = ☐

4 · 2 = ☐

3 + ___ + ___ = ☐

3 · ___ = ☐

___ + ___ + ___ = ☐

___ · ___ = ☐

___ + ___ = ☐

___ · ___ = ☐

___ + ___ + ___ = ☐

___ · ___ = ☐

___ + ___ + ___ = ☐

___ · ___ = ☐

___ + ___ + ___ + ___ + ___ = ☐

___ · ___ = ☐

MAL 1, MAL 2, MAL 10

1. Hilf den Lamas und löse die Malreihen.

1-er Reihe	2-er Reihe	10-er Reihe
1 · 1 = 1	1 · 2 =	1 · 10 =
2 · 1 = 2	2 · 2 =	2 · 10 =
3 · 1 =	3 · 2 =	3 · 10 =
4 · 1 =	4 · 2 =	4 · 10 =
5 · 1 =	5 · 2 =	5 · 10 =
6 · 1 =	6 · 2 =	6 · 10 =
7 · 1 =	7 · 2 =	7 · 10 =
8 · 1 =	8 · 2 =	8 · 10 =
9 · 1 =	9 · 2 =	9 · 10 =
10 · 1 =	10 · 2 =	10 · 10 =

Möchtest du online die Malreihen trainieren?
www.coollama.de/u3312

2. Ergänze die Köttel-Reihen.

1	2			5				9	
2	4	6							20
10		30		50					100

TAUSCHAUFGABEN

COOLER RECHENTRICK

$1 \cdot 5 = 5$

$5 \cdot 1 = 5$

Die Zahlen werden getauscht, das Ergebnis bleibt gleich!

Tauschaufgaben funktionieren nicht nur bei Plus-, sondern auch bei Malaufgaben!

1. Rechne mit dem Trick.

$2 \cdot 5 =$ 10	$3 \cdot 5 =$ ☐	$4 \cdot 5 =$ ☐	$5 \cdot 5 =$ ☐
$5 \cdot 2 =$ ☐	___ · ___ = ☐	___ · ___ = ☐	___ · ___ = ☐

2. Löse die Aufgaben und verbinde Aufgabe und Tauschaufgabe.

$3 \cdot 5 =$ ☐	$5 \cdot$ ___ $= 50$
$10 \cdot 5 =$ ☐	$5 \cdot 3 =$ ☐
$5 \cdot 5 =$ ☐	___ $\cdot 4 = 20$
$6 \cdot$ ___ $= 30$	$5 \cdot 6 =$ ☐
$4 \cdot 5 =$ ☐	___ $\cdot 5 = 25$

1. Fülle die Malreihen.

5-er Reihe	
1 · 5 =	5
2 · 5 =	
3 · 5 =	
4 · 5 =	
5 · 5 =	
6 · 5 =	
7 · 5 =	
8 · 5 =	
9 · 5 =	
10 · 5 =	

Quadrataufgaben	
1 · 1 =	
2 · 2 =	
3 · 3 =	
4 · 4 =	
5 · 5 =	
6 · 6 =	
7 · 7 =	
8 · 8 =	
9 · 9 =	
10 · 10 =	

Lust online die Quadrataufgaben zu üben?
www.coollama.de/u3315

2. Ergänze die Köttel-Reihe.

5	10							45	

3. Rechne.

9 · 5 =	45
10 · 5 =	
8 · 5 =	
4 · 5 =	
6 · 5 =	

10	= 5 · ___
35	= 5 · ___
5	= 5 · ___
15	= 5 · ___
25	= 5 · ___

16	= 4 · ___	36	= ___ · 6
64	= ___ · 8	25	= ___ · 5
100	= ___ · 10	49	= 7 · ___
4	= 2 · ___	81	= ___ · 9
9	= 3 · ___	1	= ___ · 1

LAMA-FAKTEN

Von wem stammen Lamas ab?
Rechne und finde es heraus!

1. Rechne aus.

5 · 5 = 25 N
6 · 10 = ☐ D
4 · 4 = ☐ V
9 · 2 = ☐ E
3 · 5 = ☐ E
10 · 1 = ☐ N
8 · 10 = ☐ O
9 · 9 = ☐ E
6 · 5 = ☐ N
7 · 2 = ☐ A
5 · 10 = ☐ L
7 · 5 = ☐ M
10 · 10 = ☐ K

2. Trage den Buchstaben, der hinter der Rechnung steht, bei deiner Ergebniszahl ein.

16	80	25
		N

60	18	10

100	14	35	15	50	81	30

Die Futterkammer ist der Lieblingsort von Fressi. Leider hat er einige der Zahlen auf Eimern und Heuballen einfach aufgemampft. Hilf ihm die Lücken zu füllen.

+	33	12
21	54	
45		

21 + 33 = 54

−	15	27
48		
99		

·	5	10
2		
5		

Kannst du auch mal?

+	14	21
53		
62		

−	24	36
66		
75		

·	4	2
4		
10		

22 + 10 + 18 = 50

Ups, wer hat denn hier gepupst?!
Rechne die Aufgaben der Reihenfolge nach aus.
Markiere das Ergebnis und finde den Übeltäter!

13	42	60	25	52	74	45	16
90	9	41	71	7	18	64	17
1	50	37	4	29	40	55	23
15	6	81	82	12	73	40	21
16	80	36	25	10	49	3	9
51	38	15	81	30	20	36	40
21	89	81	15	70	100	7	76
9	10	6	55	7	10	3	11

a) 1 · 1 = 1
b) 32 + 18 = 50
c) 3 · 3 = 9
d) 76 − 35 =
e) 46 + 25 =
f) 2 · 2 =
g) 99 − 17 =
h) 5 · 5 =

i) 6 · 6 =
j) 45 + 35 =
k) 100 − 62 =
l) 34 + 55 =
m) 9 · 9 =
n) 43 − 28 =
o) 38 + 32 =
p) 10 · 10 =

q) 42 − 22 =
r) 7 · 7 =
s) 59 + 14 =
t) 94 − 54 =
u) 33 + 22 =
v) 8 · 8 =
w) 16 + 29 =
x) 4 · 4 =

AUFRUNDEN UND ABZIEHEN

COOLER RECHENTRICK

So funktioniert's bei Plusaufgaben!

25 + 19 = 44
25 + 20 = 45
45 - 1 = 44

① Die 19 liegt nah an der 20. 25 + 20 ist einfach.
② Ich habe 1 zu viel dazugerechnet, also muss ich 1 wieder abziehen.
③ Schon habe ich das Ergebnis.

1. Rechne mit dem Trick.

54 + 29 = ☐	67 + 18 = ☐	33 + 28 = ☐	18 + 79 = ☐
54 + 30 = 84	67 + 20 = ☐	33 + 30 = ☐	18 + 80 = ☐
84 - 1 = ☐	87 - 2 = ☐	___ - 2 = ☐	___ - ___ = ☐

26 + 38 = ☐	15 + 19 = ☐	28 + 68 = ☐	34 + 29 = ☐
26 + ___ = ☐	___ + ___ = ☐	___ + ___ = ☐	___ + ___ = ☐
___ - ___ = ☐	___ - ___ = ☐	___ - ___ = ☐	___ - ___ = ☐

2. Rechne.

Verwende auch hier den coolen neuen Rechentrick!

Zahlenmauer 1: oben ☐; Mitte ☐ ☐; unten 15 | 19 | 20

Zahlenmauer 2: oben ☐; Mitte ☐ ☐; unten 20 | 28 | 14

Zahlenmauer 3: oben ☐; Mitte 40 | ☐; unten ☐ | 18 | 11

Zahlenmauer 4: oben ☐; Mitte ☐ | 20; unten 29 | 19 | ☐

Zahlenmauer 5: oben ☐; Mitte 80 | ☐; unten 69 | ☐ | 9

AUFRUNDEN UND DAZURECHNEN

COOLER RECHENTRICK

So funktioniert's bei Minusaufgaben!

25 - 19 = 6
25 - 20 = 5
5 + 1 = 6

① Die 19 liegt nah an der 20. 25 - 20 ist einfach.

② Ich habe 1 zu viel abgezogen, also muss ich 1 wieder dazurechnen.

③ Schon habe ich das Ergebnis.

1. Rechne mit dem Trick.

77 - 19 = ☐	95 - 27 = ☐	63 - 48 = ☐	52 - 39 = ☐
77 - 20 = 57	95 - 30 = ☐	63 - 50 = ☐	52 - 40 = ☐
57 + 1 = ☐	65 + 3 = ☐	___ + 2 = ☐	___ + ___ = ☐

37 - 18 = ☐	59 - 28 = ☐	90 - 58 = ☐	44 - 9 = ☐
37 - ___ = ☐	___ - ___ = ☐	___ - ___ = ☐	___ - ___ = ☐
___ + ___ = ☐	___ + ___ = ☐	___ + ___ = ☐	___ + ___ = ☐

2. Rechne.

Klappt der coole neuen Rechentrick auch hier?

Zahlenmauer 1:
40
28 | ☐
☐ | ☐ | 8

Zahlenmauer 2:
80
☐ | 19
☐ | 9 | ☐

Zahlenmauer 3:
96
78 | ☐
☐ | 1 | ☐

Zahlenmauer 4:
70
☐ | 59
☐ | ☐ | 49

Zahlenmauer 5:
100
69 | ☐
☐ | 15 | ☐

EIN TAG AM MEER

Linus und Lotti verbringen den Tag am Meer. Findest du heraus, was sie dort alles machen? Rechne und male das Ergebnisfeld in der passenden Farbe an.

17 + 19 = ☐

65 + 15 = ☐

Ich mag gerne

36 64

9 80

Ich liebe

36 49

70 66

7 · 7 = ☐

89 – 19 = ☐

60 – 28 = ☐

75 – 9 = ☐

6 · 5 = ☐

8 · 8 = ☐

3 · 3 = ☐

Rechne und verdiene dir einen Ehrenköttel.
Du schaffst das!

1.

8 · 2 = ☐	4 · 5 = ☐	7 · 10 = ☐	7 · 5 = ☐
2 · 8 = ☐	5 · 4 = ☐	10 · 7 = ☐	5 · 7 = ☐

2.

4 · 4 = ☐	5 · 5 = ☐	9 · 9 = ☐	7 · 7 = ☐
2 · 2 = ☐	6 · 6 = ☐	8 · 8 = ☐	10 · 10 = ☐

3.

30 + 19 = ☐	59 + 9 = ☐	16 + 29 = ☐	28 + 28 = ☐
60 − 29 = ☐	55 − 19 = ☐	51 − 38 = ☐	80 − 29 = ☐

4.

Zahlenmauern:

- ☐ / ☐ ☐ / 20 8 20
- ☐ / ☐ ☐ / 9 19 10
- ☐ / ☐ ☐ / 18 20 29
- 45 / 19 ☐ / ☐ 10 ☐
- 70 / ☐ 59 / ☐ ☐ 50
- 62 / 50 ☐ / ☐ ☐ 10

5. Quizfrage: Wie nennt man einen Schneemann im Sommer?

Kontrolliere auf Seite 72 und umkreise deinen Köttel.

meine erreichten Punkte ☐

17–25 Punkte | 26–34 Punkte | 35–43 Punkte

Finde heraus, welches Lama Gaudi hier sucht.

Gaudi, das Spaß-Lama der Truppe und zuständig für lustige Rätsel

1. Die Augenfarbe des Lamas ist schwarz.
2. Es trägt keine Kappe.
3. Seine Fellfarbe ist weder orange noch braun.
4. Die Ohren des Lamas sind aufgerichtet.
5. Der Nachbar hat gelbes Fell.
6. Das Lama schwärmt für Lani.
7. Das Lama unter dem gesuchten Lama trägt eine Krone.

MAL 4, MAL 6, MAL 8

1. Hier wird wieder deine Hilfe beim Lösen der Malreihen benötigt.

Lust auf eine Einmaleins-Girlande?
www.coollama.de/p3312

2. Ergänze die Köttel-Reihen.

	4	8			20					40
	6		18				42			
		16	24							

Bro hat mal wieder etwas kaputt gemacht. Löse die Aufgaben und finde heraus was es diesmal war.

1. Löse alle Aufgaben. Beginne mit der linken Spalte.

3 · 4 =	12 → P	14 → F
5 · 8 =	40 → R	120 → T
6 · 6 =	63 → L	36 → O
9 · 6 =	38 → U	54 → T
7 · 6 =	42 → Z	35 → F
5 · 4 =	20 → I	16 → N
6 · 4 =	14 → E	24 → S

8 · 8 =	46 → A	64 → B
9 · 8 =	100 → L	72 → R
3 · 6 =	18 → I	28 → E
4 · 6 =	30 → M	24 → L
10 · 4 =	50 → H	40 → L
9 · 4 =	36 → E	45 → P

2. Das passende Ergebnis verrät dir den richtigen Buchstaben.

Bro, der Chaot der Lama-Truppe

3. Lösungswort

P						

KÖTTEL-ALARM

Jedes Lama hat gleich viele Köttel auf der Koppel verloren.
Wie viele sind es pro Lama? Rechne.

Wenn es dir hilft, umkreise die Köttel jedes Lamas.

2 : 2 = 1

4 : 2 = ☐

6 : 2 = ☐

8 : 2 = ☐

10 : 2 = ☐

12 : 2 = ☐

LECKER, ÄPFEL!

1. Die Lamas lieben Äpfel! Verteile gerecht. Wie viele Äpfel bekommt jedes Lama?

4 : 2 = 2

8 : 2 = ☐

___ : ___ = ☐

___ : ___ = ☐

___ : ___ = ☐

___ : ___ = ☐

2. Löse die Tabellen.

Rechne :1	1	2	3	4	5	6	7	8	9	10
	1					6				

Rechne :10	10	20	30	40	50	60	70	80	90	100
	1									

Rechne :2	2	4	6	8	10	12	14	16	18	20
	1									

COOLER RECHENTRICK

Wusstest du, dass Umkehraufgaben auch bei mal und geteilt funktionieren?

$10 : 2 = 5$ | $10 \cdot 2 = 20$

$5 \cdot 2 = 10$ | $20 : 2 = 10$

Schwupps, ich mache meine Rechnung wieder rückgängig!

Wie oft passt die 10 in die 100?

Die Umkehraufgabe zeigt: Die 10 passt zehnmal in die 100!

Wie oft passt die 5 in die 15?

Die Umkehraufgabe hilft dir!

100 : 10 = ☐	___ · 10 = 100	15 : 5 = ☐	___ · 5 = 15
100 : 10 = 10	10 · 10 = 100	15 : 5 = ☐	___ · 5 = 15
90 : 10 = ☐	___ · 10 = 90	20 : 5 = ☐	___ · 5 = 20
80 : 10 = ☐	___ · 10 = 80	50 : 5 = ☐	___ · 5 = 50
70 : 10 = ☐	___ · 10 = 70	45 : 5 = ☐	___ · 5 = 45
60 : 10 = ☐	___ · 10 = 60	35 : 5 = ☐	___ · 5 = 35
50 : 10 = ☐	___ · 10 = 50	30 : 5 = ☐	___ · 5 = 30
40 : 10 = ☐	___ · 10 = 40	5 : 5 = ☐	___ · 5 = 5
30 : 10 = ☐	___ · 10 = 30	40 : 5 = ☐	___ · 5 = 40
20 : 10 = ☐	___ · 10 = 20	10 : 5 = ☐	___ · 5 = 10
10 : 10 = ☐	___ · 10 = 10	25 : 5 = ☐	___ · 5 = 25

Beispiel: 8 4 2

2	·	4	=	8
4	·	2	=	8
8	:	2	=	4
8	:	4	=	2

Bilde mit den Zahlen jeweils zwei Aufgabenfamilien.

	·		=				·		=	
	·		=				·		=	
	:		=				:		=	
	:		=				:		=	

			=						=	
			=						=	
			=						=	
			=						=	

			=						=	
			=						=	
			=						=	
			=						=	

DAS KANN ICH GUT

Was kann ich besonders gut?
Rechne und finde es heraus.

Rechne aus.

10 · 2 = 20
8 : 2 = ☐
5 · 5 = ☐

3 · 4 = ☐
15 : 5 = ☐
25 : 5 = ☐
10 : 2 = ☐

50 : 5 = ☐
10 · 8 = ☐
4 · 4 = ☐

8 · 2 = ☐
9 : 3 = ☐
15 : 3 = ☐
3 · 6 = ☐
9 · 4 = ☐
20 : 4 = ☐

Suche nach dem passenden Buchstaben für dein Ergebnis.

12	K
5	N
20	I
16	T
4	C
3	A
25	H
80	U
18	Z
10	G
36	E

Lust online noch mehr Mal- und Geteilt-aufgaben zu rechnen?
www.coollama.de/u831

Setze die Buchstaben der Reihe nach an die richtige Stelle.

| I | ☐ | ☐ | | ☐ | ☐ | ☐ | ☐ | | ☐ | ☐ | ☐ | | ☐ | ☐ | ☐ | ☐ | ☐ | ☐ | .

Löse die Aufgaben und male in den entsprechenden Farben an.

= 5, 15

= 21

= 16

= 10

= 20

= 18

= 100

= 12

RECHEN-MIX

1. Löse die Tabellen.

Rechne :4	4	8	12	16	20	24					Rechne ·4
	1					6	7	8	9	10	

Rechne :6	6	12	18	24	30	36					Rechne ·6
	1					6	7	8	9	10	

Rechne :8	8	16	24	32	40	48					Rechne ·8
	1					6	7	8	9	10	

2. Löse die Päckchen aus Aufgabe und Umkehraufgabe.

$4 \cdot 5 =$ 20
$20 : 5 =$ ☐

$4 \cdot 8 =$ ☐
$32 : 8 =$ ☐

$6 \cdot 6 =$ ☐
___ $: 6 =$ ☐

$9 \cdot 8 =$ ☐
___ $: 8 =$ ☐

$30 : 6 =$ ☐
$5 \cdot 6 =$ ☐

$32 : 4 =$ ☐
$8 \cdot 4 =$ ☐

$40 : 10 =$ ☐
___ $\cdot 10 =$ ☐

$48 : 8 =$ ☐
___ $\cdot 8 =$ ☐

3. Rechne.

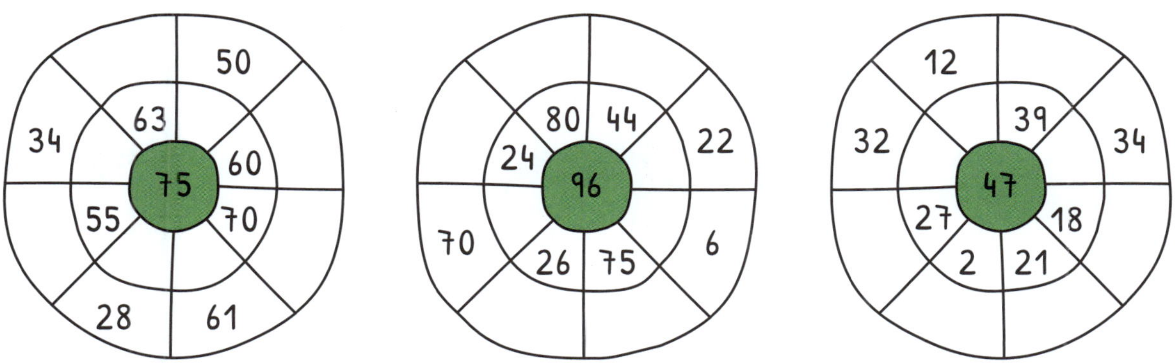

Lamafütterung! Welches Lama hat sich wie viele Leckerlis gesichert? Rechne aus.

- Bro hat zwei Leckerlis.
- Fressi hat fünfmal so viele Leckerlis wie Bro.
- Franzl hat sogar zehnmal so viele Leckerlis wie Bro!

BRO FRESSI FRANZL

Schreibe hier deine Rechnung auf

$5 \cdot 2 =$ 10 $10 \cdot 2 =$ ☐

- Protzi hat 10 Leckerlis.
- Lani hat nur halb so viele Leckerlis wie Protzi.
- Naturi hat doppelt so viele Leckerlis wie Protzi.

PROTZI LANI NATURI

$10 : 2 =$ ☐ $2 \cdot$ ___ $=$ ☐

- Yogi hat zweimal vier Leckerlis abgestaubt.
- Bo hat nur halb so viele Leckerlis wie Yogi.
- Fressi hat zehnmal so viele Leckerlis wie Yogi.

YOGI BO FRESSI

$2 \cdot$ ___ $=$ ☐ $8 :$ ___ $=$ ☐ $10 \cdot$ ___ $=$ ☐

Rechne und verdiene dir einen Ehrenköttel.
Du schaffst das!

1. 6 – 12 – ☐ – ☐ – ☐ – ☐ – ☐ – ☐ – ☐ – ☐

2.

Rechne :8 ↓	8	16	24	32	40						Rechne ·8 ↑
	1					6	7	8	9	10	

3.

6 · 4 = ☐ 9 · 4 = ☐ 28 : 4 = ☐ 40 : 4 = ☐

24 : 4 = ☐ 36 : 4 = ☐ __ · 4 = ☐ __ · 4 = ☐

4.

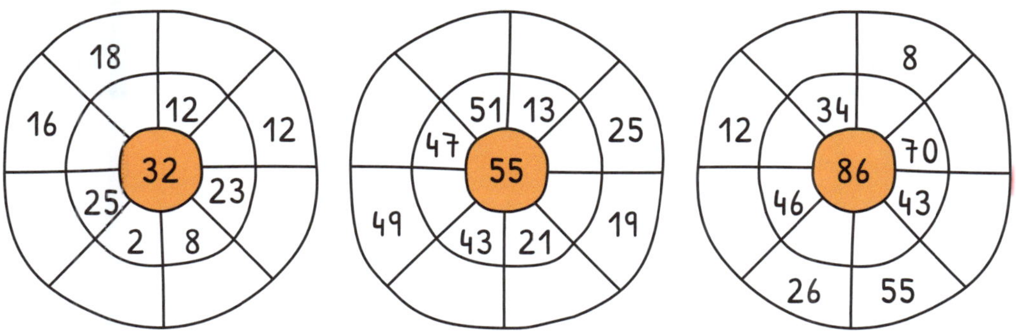

6. Quizfrage: Wer riecht, obwohl er keine Nase hat?

Kontrolliere auf Seite 75 und umkreise deinen Köttel.

meine erreichten Punkte ☐

27–35 Punkte 36–44 Punkte 45–53 Punkte

KÖTTEL-CHAOS

In jedem Köttelhaufen versteckt sich ein Wort aus der Natur. Findest du es?

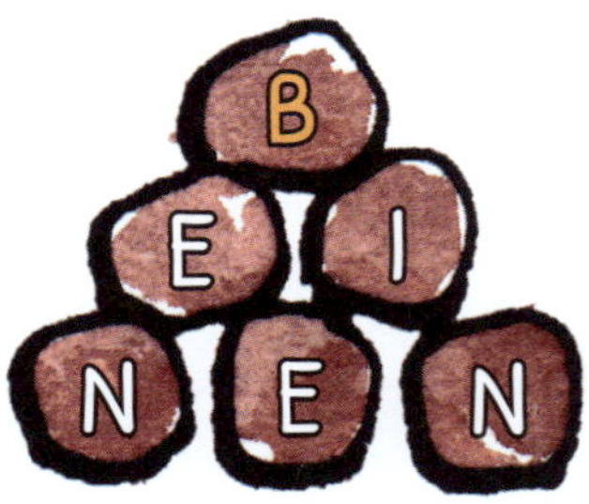

1. Hier wird deine Hilfe beim Lösen der Malreihen benötigt.

3-er Reihe	
1 · 3 =	
2 · 3 =	
3 · 3 =	
4 · 3 =	
5 · 3 =	
6 · 3 =	
7 · 3 =	
8 · 3 =	
9 · 3 =	
10 · 3 =	

7-er Reihe	
1 · 7 =	
2 · 7 =	
3 · 7 =	
4 · 7 =	
5 · 7 =	
6 · 7 =	
7 · 7 =	
8 · 7 =	
9 · 7 =	
10 · 7 =	

9-er Reihe	
1 · 9 =	
2 · 9 =	
3 · 9 =	
4 · 9 =	
5 · 9 =	
6 · 9 =	
7 · 9 =	
8 · 9 =	
9 · 9 =	
10 · 9 =	

Na, Lust auf eine kleine Einmaleins-Herausforderung?
www.coollama.de/u333

2. Ergänze die Köttel-Reihen.

3	6								30

7		21							

	18	27							

MATHE-YOGA

1. Löse die Tabellen.

Rechne :3	3	6	9	12	15	18					Rechne ·3
	1					6	7	8	9	10	

Rechne :7	7	14	21	28	35	42					Rechne ·7
	1					6	7	8	9	10	

Rechne :9	9	18	27	36	45	54					Rechne ·9
	1					6	7	8	9	10	

2. Rechne.

15 : 3 = 5
30 : 3 =
18 : 3 =
27 : 3 =
9 : 3 =
24 : 3 =
6 : 3 =
21 : 3 =
3 : 3 =
12 : 3 =

70 : 7 =
14 : 7 =
42 : 7 =
35 : 7 =
56 : 7 =
28 : 7 =
49 : 7 =
63 : 7 =
21 : 7 =
7 : 7 =

9 : 9 =
27 : 9 =
18 : 9 =
81 : 9 =
72 : 9 =
36 : 9 =
54 : 9 =
63 : 9 =
90 : 9 =
45 : 9 =

Wer sagt denn, dass immer nur wir die Aufgaben vorgeben dürfen? Jetzt bist DU dran!

Erfinde Rechnungen passend zu den Ergebnissen.

Noch unsicher? Probiere, durch was du die Zahl teilen kannst: zum Beispiel 15:3=3 → 3·5=15

Nicht ganz sicher? Nutze die Umkehraufgabe: zum Beispiel 9·2=18 → 18:2=9

RECHENRÄTSEL

Welche Aktivität wünscht sich Linus zum Geburtstag?
Rechne die Aufgaben aus und löse das Rätsel.

1. Löse alle Aufgaben.

49:7	26+14	5·7	3·6	96−56	3·5
7					
Z					

3. Trage den Buchstaben ein und finde so die Lösung.

67+33	55−15	20:4	17+23	5·3

2. Suche den passenden Buchstaben zu deinem Ergebnis.

7	40	15	100	5	18	35
Z	E	N	G	H	T	L

Lama Willi wiederholt mit dir nochmal das Gelernte.

1. Löse die Tabellen. Fällt dir etwas auf?

1·3=3

Hier geht's mit geteilt weiter!

·	3
1	3
3	
5	
2	
4	
8	
6	
9	
7	
10	

:	3
3	
9	
15	
6	
12	
24	
18	
27	
21	
30	

·	5
2	
5	
6	
10	
4	
8	
3	
9	
7	
1	

:	5
10	
25	
30	
50	
20	
40	
15	
45	
35	
5	

2. Rechne.

57 + ___ = 100
90 − ___ = 25
10 + ___ = 62

43 − ___ = 20
37 + ___ = 52
25 + ___ = 70

17 + ___ = 30
28 + ___ = 87
62 − ___ = 20

18 + ___ = 36
94 − ___ = 59
66 + ___ = 100

3. Löse die Zahlenmauern.

62		
	18	14

31	9	19

	62	
50		
		10

	100	
	37	
55		

Weiter geht's!

1. Löse die Rechenkreise.

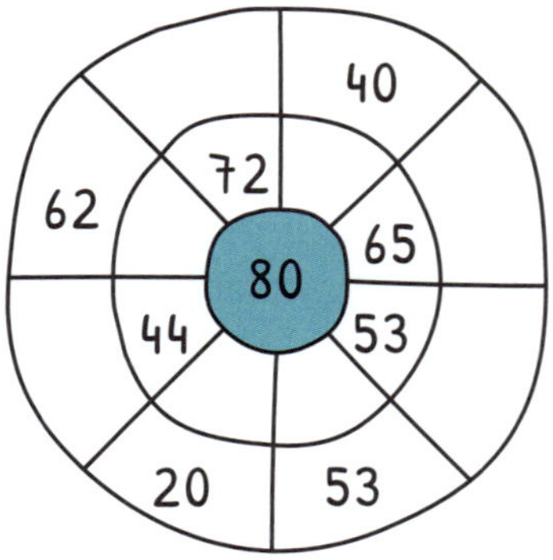

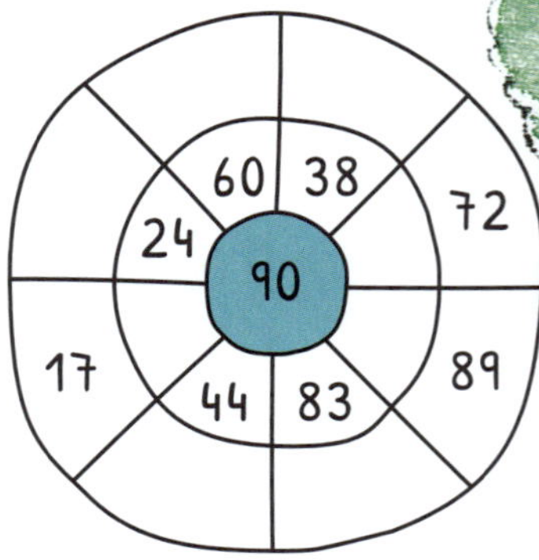

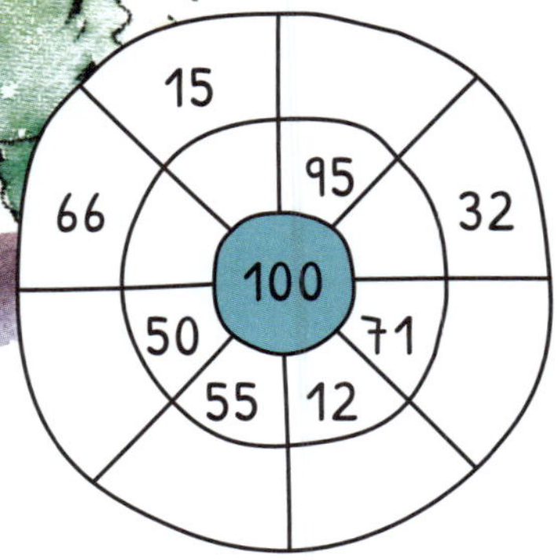

2. Rechne.

Rechne :4	4	8	12	16	20						Rechne ·4
	1					6	7	8	9	10	

Rechne :6	6	12	18	24	30						Rechne ·6
	1					6	7	8	9	10	

Rechne :8	8	16	24	32	40						Rechne ·8
	1					6	7	8	9	10	

3. Ergänze die Köttelreihen.

7									70
9									90

So viele schöne Ostereier! Umkreise und rechne. Notiere auch immer den Rest, der bleibt.

11 : 2 = 5 R 1

10 : 3 = ___ R ___

8 : 3 = ___ R ___

9 : 2 = ___ R ___

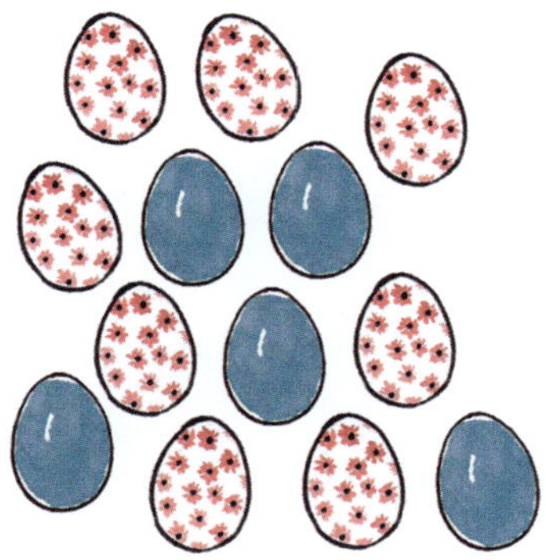

13 : 2 = ___ R ___

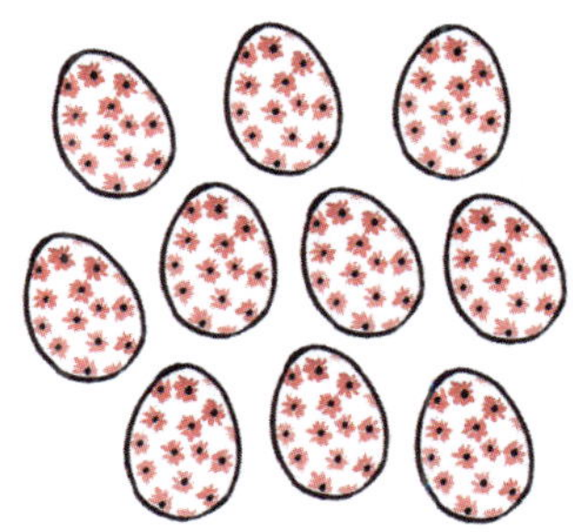

10 : 4 = ___ R ___

14 : 5 = ___ R ___

14 : 9 = ___ R ___

18 : 3 = ___ R ___

Wo bleibt ein Rest? Rechne, markiere und finde heraus, warum Peter so schlecht drauf ist.

18 : 9 =	2 R 0	A
17 : 2 =	8 R 1	H
16 : 4 =	R	P
26 : 5 =	R	A
10 : 6 =	R	U
20 : 7 =	R	S
21 : 7 =	R	P
37 : 6 =	R	A
30 : 6 =	R	O
91 : 10 =	R	U
82 : 10 =	R	F
82 : 8 =	R	G
49 : 7 =	R	L
41 : 8 =	R	A
26 : 4 =	R	B
45 : 5 =	R	M
28 : 9 =	R	E
62 : 7 =	R	N

Kein Rest: Nicht markieren!

Hier bleibt ein Rest: Markiere!

1 • 1 Bingo

1	2	3	4	5
2		8	10	12
12	18	24	30	36
3	6	9		15
5	10	15	20	25

Dieses Spiel kann man toll zu zweit spielen!
Würfele mit zwei Würfeln, multipliziere die Zahlen und kreuze das Ergebnis in deinem Bingo-Feld an.
Wer hat zuerst eine Reihe voll und wird Bingo-Boss?

1 • 1 Bingo

1	2	3	4	5
2	4	8		12
12	18	24	30	36
3		9	12	15
5	10	15	20	25

Für noch mehr Bingo-Spaß kannst du die Seite hier herunterladen:
www.coollama.de/p3316

Rechne und verdiene dir einen Ehrenköttel.
Du schaffst das!

1.

40 + ___ = 80 | 93 − ___ = 70 | 84 + ___ = 100
90 − ___ = 60 | 48 + ___ = 66 | 28 + ___ = 52
10 + ___ = 95 | 25 + ___ = 30 | 64 − ___ = 42

2.

Rechne :3											Rechne ·3
	3	6	9	12	15						
						6	7	8	9	10	

Rechne :6											Rechne ·6
	6	12	18	24	30						
						6	7	8	9	10	

3.

24	26	24

	100	
49		
		27

30		
	13	22

4.

9 : 2 = ___ R ___ | 11 : 2 = ___ R ___ | 17 : 4 = ___ R ___
12 : 3 = ___ R ___ | 20 : 9 = ___ R ___ | 22 : 7 = ___ R ___
31 : 10 = ___ R ___ | 10 : 3 = ___ R ___ | 10 : 2 = ___ R ___

5. Quizfrage: Bei welchem Brand gibt es kein Feuer?

meine erreichten Punkte ___

31–39 Punkte | 40–48 Punkte | 49–57 Punkte

Kontrolliere auf Seite 78 und umkreise deinen Köttel.

das HERABSCHAUENDE LAMA

Hallo und Namaste!

Nach all der Rechnerei ist Yoga jetzt genau das Richtige für dich.

Mache einmal die drei Figuren nach. Macht das nicht Spaß?

Oooom. Dein Yogi Lama

der BAUM
erst links, dann rechts

das DREIECK
erst links, dann rechts

Jedes Lama soll seinen Lieblingskörper vorstellen.
Hilf den Lamas.

Ecken:	8
Kanten:	
Flächen:	

Ecken:	
Kanten:	
Flächen:	

Ecken:	
Kanten:	
Flächen:	

Ecken:	
Kanten:	
Flächen:	

Ecken:	
Kanten:	
Flächen:	

Ecken:	
Kanten:	
Flächen:	

WER KOMMT PÜNKTLICH?

Die Lamas haben sich um halb fünf verabredet. Markiere.

Welches Lama kommt auf die Minute pünktlich? (grün)

Welche Lamas kommen zu spät? (rot)

Welche Lamas sind zu früh dran? (orange)

Zeit zum Entspannen. Fülle das Mandalama mit den schönsten Formen und Farben!

Kira Künstlerin, die Kreative in der Lamaherde

MEIN SCHULJAHR

Umkreise und schreibe

Mein zweites Schuljahr war ______________________________ .

Meine Lieblingslehrerin oder
mein Lieblingslehrer heißt ________________ .

Meine besten Freunde und Freundinnen
sind ____________________________________

____ .

Das hat mir an diesem Schuljahr ...

... am besten gefallen:

... nicht so gut gefallen:

Besonders stolz bin ich auf

____

____ .

In den Ferien möchte ich unbedingt

____

____ .

WELCHES LAMA BIST DU?

Ha! Jetzt kommt die Stunde der Wahrheit.
Welches Lama bist du?

Zähle alle Seiten, die du bearbeitet hast, oder schaue auf der ersten Seite, wie viele Lama-Kreise du ausgemalt hast.

Finde dann mithilfe deiner Punktzahl dein Lama …

Ich habe ☐ Seiten gelöst und bin ein

- ☐ 0–13: Sleepy Lama
- ☐ 14–23: Pupsi Lama
- ☐ 24–33: Hippie Lama
- ☐ 34–43: Rechen Lama
- ☐ 44–53: Rockstar Lama
- ☐ 54 und mehr: COOLLAMA

Und wenn du wissen willst, wie dein Lama aussieht und wie viel Pupskraft es hat, besuche www.coollama.de/hall-of-fart.

Dein COOLLAMA®

BLUMENWIESE

Zeigst du dem Lama den Weg zur Blumenwiese?
Rechne und male deine Ergebniszahlen an.

2	9	12	3	5	0	7
5	9	9	9	9	9	19
0	8	20	8	14	12	2
8	3	1	7	2	12	14
19	0	13	13	15	14	3
10	11	11	8	15	14	8
10	1	0	3	20	5	1

Deine erste Ergebniszahl ist 10. Male einmal die 10 an.

a) 6 + 4 = 10
4 + 6 = 10

d) 7 + 8 = 15
8 + 7 = 15

g) 6 + 3 = 9
3 + 6 = 9

b) 8 + 3 = 11
3 + 8 = 11

e) 5 + 9 = 14
9 + 5 = 14

h) 2 + 7 = 9
7 + 2 = 9

c) 9 + 4 = 13
4 + 9 = 13

f) 4 + 8 = 12
8 + 4 = 12

i) 4 + 5 = 9
5 + 4 = 9

Erinnerst du dich? Bei Tauschaufgaben spielt die Reihenfolge der addierten Zahlen keine Rolle.

MATHE-EIMER

1. Löse die Plus- und Minuseimer.

Erinnerst du dich? Eine Nachbaraufgabe ist leicht zu lösen: Wenn 4+6=10, dann ist 4+7=...?

So geht's: 2 + 7 = 9

+	7	8
2	9	10
12	19	20

+	6	7
4	10	11
14	20	21

+	4	5
5	9	10
15	19	20

–	5	6
6	1	0
16	11	10

–	3	4
9	6	5
19	16	15

–	7	8
8	1	0
18	11	10

–	8	9
10	2	1
20	12	11

Erinnerst du dich? Die kleine Aufgabe hilft bei der großen Aufgabe: Wenn 6-5=1 dann ist 16-5=...?

2. Rechne zuerst bis zum Zehner und dann weiter.

9 + 7 = 9 + 1 + 6 = 16
8 + 8 = 8 + 2 + 6 = 16
7 + 5 = 7 + 3 + 2 = 12
8 + 4 = 8 + 2 + 2 = 12
6 + 8 = 6 + 4 + 4 = 14
4 + 7 = 4 + 6 + 1 = 11

18 - 9 = 18 - 8 - 1 = 9
11 - 5 = 11 - 1 - 4 = 6
16 - 8 = 16 - 6 - 2 = 8
13 - 9 = 13 - 3 - 6 = 4
14 - 7 = 14 - 4 - 3 = 7
15 - 8 = 15 - 5 - 3 = 7

RECHEN-RÄDER

1. Rechne.

9 + 11 = 20
20 - 11 = 9

14 + 5 = 19
19 - 5 = 14

9 + 5 = 14
14 - 5 = 9

6 + 7 = 13
13 - 7 = 6

Erinnerst du dich? Eine Umkehraufgabe macht die vorherige Rechnung rückgängig.

20 - 5 = 15
15 + 5 = 20

19 - 11 = 8
8 + 11 = 19

14 - 5 = 9
9 + 5 = 14

20 - 12 = 8
8 + 12 = 20

2. Löse die Rechen-Räder.

Für digitalen Rechenspaß im Zahlenraum bis 20 gehe zu: www.coollama.de/u522

AM STRAND

Lani sucht ihre Sonnenbrille.
Rechne und trage die Buchstaben ein.
Dann weißt du, wo die Sonnenbrille steckt.

1. Rechne aus.

8 + 8 = 16 N
17 - 9 = 8 D
11 + 6 = 17 E
14 - 7 = 7 H
15 + 5 = 20 I
9 - 6 = 3 T
4 + 5 = 9 E
20 - 1 = 19 R
9 + 6 = 15 M
19 - 14 = 5 E
9 + 9 = 18 R
16 - 3 = 13 M
6 + 8 = 14 I
19 - 18 = 1 E

2. Trage den Buchstaben, der hinter der Rechnung steht, bei deiner Ergebniszahl ein.

7	20	16	3	17	18
H	I	N	T	E	R

8	1	13
D	E	M

9	14	15	5	19
E	I	M	E	R

EIN TAG IM HERBST — Seite 7

Die Zwillinge Mia und Max planen einen schönen Herbsttag.
Findest du heraus, was sie erleben und sammeln wollen?
Rechne und male das Ergebnisfeld in der passenden Farbe an.

9 + 11 = 20

7 + 4 = 11

9 + 9 = 18

16 - 6 = 10

16 - 4 = 12

11 + 8 = 19

20 - 13 = 7

13 - 7 = 6

18 - 5 = 13

Seite 8 — ZAHLENMAUERN

1. Löse die Zahlenmauern.

So geht's: 15 / 7 8 / 2 5 3

- 16 / 8 8 / 4 4 4
- 15 / 10 5 / 7 3 2
- 18 / 11 7 / 6 5 2
- 14 / 7 7 / 3 4 3
- 20 / 10 10 / 5 5 5
- 19 / 9 10 / 5 4 6
- 17 / 12 5 / 8 4 1
- 17 / 9 8 / 3 6 2
- 11 / 7 4 / 4 3 1
- 19 / 12 7 / 9 3 4
- 20 / 15 5 / 12 3 2

2. Rechne.

16 + 4 = 20
18 - 4 = 14
10 + 9 = 19

17 - 6 = 11
9 + 6 = 15
6 + 8 = 14

7 - 5 = 2
8 + 8 = 16
12 - 6 = 6

Lust auf mehr?
Für weitere Platzhalter-Aufgaben gehe zu:
www.coollama.de/u523

LAMA-FAMILIEN — Seite 9

Beispiel: 10 4 6

4 + 6 = 10
6 + 4 = 10
10 - 4 = 6
10 - 6 = 4

Bilde mit den Zahlen Aufgabenfamilien.

8 + 4 = 12	6 + 5 = 11
4 + 8 = 12	5 + 6 = 11
12 - 8 = 4	11 - 6 = 5
12 - 4 = 8	11 - 5 = 6
7 + 8 = 15	14 + 3 = 17
8 + 7 = 15	3 + 14 = 17
15 - 7 = 8	17 - 14 = 3
15 - 8 = 7	17 - 3 = 14
4 + 15 = 19	9 + 7 = 16
15 + 4 = 19	7 + 9 = 16
19 - 4 = 15	16 - 9 = 7
19 - 15 = 4	16 - 7 = 9

Seite 10 — PÄRCHEN

Ein Lama kommt selten allein,
aber wer gehört zusammen?
Rechne die Aufgaben aus
und male die Lamas mit dem
gleichen Ergebnis in der gleichen
Farbe an.

PROFESSOR PROTZI PRÜFT

Seite 11

Rechne und verdiene dir einen Ehrenköttel.
Du schaffst das!

meine erreichten Punkte

1. 11 + 2 = 13 | 4 + 3 = 7 | 9 − 5 = 4 | 14 − 3 = 11
11 + 3 = 14 | 5 + 3 = 8 | 9 − 6 = 3 | 15 − 3 = 12 — von 8

2. 4 + 2 = 6 | 5 + 3 = 8 | 7 − 4 = 3 | 8 − 6 = 2
14 + 2 = 16 | 15 + 3 = 18 | 17 − 4 = 13 | 18 − 6 = 12 — von 8

3. 9 + 8 = 17 | 14 + 2 = 16 | 9 − 8 = 1 | 14 − 5 = 9
17 − 8 = 9 | 16 − 2 = 14 | 1 + 8 = 9 | 9 + 5 = 14 — von 8

4. 18 / 8 10 / 2 6 4 | 20 / 11 9 / 4 7 2 | 19 / 11 8 / 8 3 5 | 17 / 8 9 / 7 1 8 — von 12

5. 3 + 2 = 5 | 18 + 2 = 20 | 6 + 5 = 11 | 13 − 5 = 8
17 − 3 = 14 | 15 − 3 = 12 | 12 − 6 = 6 | 14 − 4 = 10
12 + 8 = 20 | 9 − 5 = 4 | 13 + 4 = 17 | 15 + 5 = 20 — von 12

6. Quizfrage: Welcher Baum hat keine Wurzeln? Der Purzelbaum! — von 1

23–31 Punkte | 32–40 Punkte | 41–49 Punkte

Vergleiche mit deinen Ergebnissen und zähle deine Punkte zusammen.

ROCKSTAR-LAMA

Seite 12

Welches Lied spielt das Rockstar-Lama? Finde den Weg durch das Labyrinth. Notiere nacheinander die Buchstaben, die dir auf deinem Weg begegnen.

Los geht's!

Lass dir das Lied von deinen Eltern vorspielen. Gefällt es dir?

Ich spiele W E W I L L R O C K Y O U!

LAMA-LOGIK

Seite 13

Welche Zahlen verstecken sich unter den Lamas?

1. Fülle alle freien Felder der Hundertertafel aus.

2. Schaue auf welcher Position das Lama sitzt.

1		3	4	5	6	7	8	9	10
11	12		14	15		17	18	19	20
21	22	23	24	25	26	27	28		30
	32	33		35	36	37	38	39	40
41	42	43	44	45	46	47	48		
51	52		54	55	56	57	58	59	60
61	62	63	64	65	66		68	69	70
71	72	73	74		76	77	78	79	80
81	82	83	84	85	86	87	88	89	90
91	92	93	94	95	96	97		99	100

2 | 13
16 | 29
31 | 34
49 | 50
53 | 67
75 | 98

9 | 11
12 | 23
29 | 35
48 | 54
60 | 71
82 | 91

1	2	3	4	5	6	7	8		10
		13	14	15	16	17	18	19	20
21	22		24	25	26	27	28		30
31	32	33	34		36	37	38	39	40
41	42	43	44	45	46	47		49	50
51	52	53		55	56	57	58	59	
61	62	63	64	65	66	67	68	69	70
	72	73	74	75	76	77	78	79	80
81		83	84	85	86	87	88	89	90
	92	93	94	95	96	97	98	99	100

WER VERSTECKT SICH HIER?

Seite 14

1. Huch, wer versteckt sich denn hier? Verbinde die Punkte der Größe nach, beginnend bei der kleinsten Zahl.

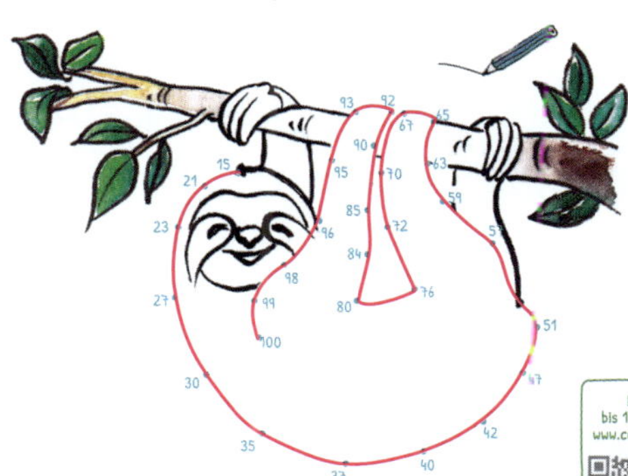

Lust online bis 100 zu rechnen? www.coollama.de/u532

2. Rechne.

2 + 1 = 3 | 4 + 3 = 7 | 5 + 5 = 10 | 2 + 7 = 9
20 + 10 = 30 | 40 + 30 = 70 | 50 + 50 = 100 | 20 + 70 = 90

4 − 2 = 2 | 9 − 5 = 4 | 8 − 7 = 1 | 7 − 5 = 2
40 − 20 = 20 | 90 − 50 = 40 | 80 − 70 = 10 | 70 − 50 = 20

8 + 2 = 10 | 3 + 6 = 9 | 4 + 5 = 9 | 7 + 3 = 10
80 + 20 = 100 | 30 + 60 = 90 | 40 + 50 = 90 | 70 + 30 = 100

ZAHLEN-LAMAS

Seite 15

Schreibe die Zahl des richtigen Lamas in das Kästchen.

Meine Zahl hat 5 Einer. Welches Lama bin ich? **45**

Meine Zahl ist die größte Zahl. Welches Lama bin ich? **98**

Meine Zahl hat 7 Zehner. Welches Lama bin ich? **71**

Meine Zahl ist die kleinste Zahl. Welches Lama bin ich? **21**

Meine Zahl hat genauso viele Einer wie Zehner. Welches Lama bin ich? **66**

Welches Lama ist nicht beschrieben? **36**

Meine Zahl ist doppelt so groß wie die kleinste Zahl. Welches Lama bin ich? **42**

Meine Zahl ist die kleinste gerade Zahl. Welches Lama bin ich? **34**

TABELLEN-TRUBEL

Seite 16

1. Löse die Tabellen.

So geht's: 0+2=2

+	2	5
0	2	5
10	12	15
20	22	25
30	32	35
40	42	45
50	52	55
60	62	65
70	72	75
80	82	85
90	92	95

+	3	7
0	3	7
10	13	17
20	23	27
30	33	37
40	43	47
50	53	57
60	63	67
70	73	77
80	83	87
90	93	97

Hier geht's mit minus weiter!

-	2	5	10
10	8	5	0
20	18	15	10
30	28	25	20
40	38	35	30
50	48	45	40
60	58	55	50
70	68	65	60
80	78	75	70
90	88	85	80
100	98	95	90

2. Rechne.

5 + 10 = 15
15 + 10 = 25
25 + 10 = 35

9 + 10 = 19
19 + 10 = 29
29 + 10 = 39

6 + 10 = 16
16 + 10 = 26
26 + 10 = 36

8 + 10 = 18
18 + 10 = 28
28 + 10 = 38

18 - 10 = 8
28 - 10 = 18
38 - 10 = 28

14 - 10 = 4
24 - 10 = 14
34 - 10 = 24

17 - 10 = 7
27 - 10 = 17
37 - 10 = 27

15 - 10 = 5
25 - 10 = 15
35 - 10 = 25

7 + 10 = 17
17 + 10 = 27
27 + 10 = 37

16 - 10 = 6
26 - 10 = 16
36 - 10 = 26

4 + 10 = 14
14 + 10 = 24
24 + 10 = 34

13 - 10 = 3
23 - 10 = 13
33 - 10 = 23

KÖTTEL-DREIECKE

Seite 17

1. Rechne.

20 + 10 = 30
30 - 10 = 20

50 + 40 = 90
90 - 40 = 50

60 + 30 = 90
90 - 30 = 60

20 + 50 = 70
70 - 50 = 20

80 - 20 = 60
60 + 20 = 80

100 - 50 = 50
50 + 50 = 100

70 - 40 = 30
30 + 40 = 70

100 - 80 = 20
20 + 80 = 100

2. Ergänze die Dreiecke. Jede Seite hat das gleiche Ergebnis.

immer 30

15+5+10=30 — 10+10+10=30

oben	links	rechts	unten links	unten Mitte	unten rechts
10	5	10	15	5	10
20	0	2	10	12	8
13	6	7	11	9	10

immer 50

oben	links	rechts	unten links	unten Mitte	unten rechts
20	20	20	10	30	10
25	15	25	10	40	0
5	25	30	20	15	15

immer 100

oben	links	rechts	unten links	unten Mitte	unten rechts
50	10	30	40	40	20
30	50	5	20	15	65
75	0	20	25	70	5

LAMASCHRITTE

Seite 18

Mia Mathe, Fan von Sonnenbrillen und Rechentricks

COOLER RECHENTRICK

Beim Rechnen mit großen Zahlen hilft es oft, in Schritten zu addieren.

27 + 12 = ?

Erst die Zehner … 27 + 10 = 37

… dann die Einer. 37 + 2 = 39

Hier noch mal am Zahlenstrahl …

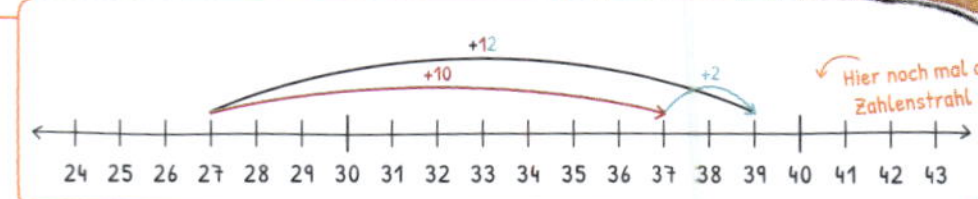

2. Probiere den Trick! Zähle zuerst die Zehner und dann die Einer hinzu und finde heraus, was Fressi gerne frisst.

1. Rechne aus.

16 + 15 = 16 + 10 + 5 = 31 B
44 + 16 = 44 + 10 + 6 = 60 I
27 + 31 = 27 + 30 + 1 = 58 I
84 + 16 = 84 + 10 + 6 = 100 E
59 + 24 = 59 + 20 + 4 = 83 Ä
75 + 15 = 75 + 10 + 5 = 90 H
23 + 28 = 23 + 20 + 8 = 51 E

18 + 63 = 18 + 60 + 3 = 81 L
46 + 25 = 46 + 20 + 5 = 71 E
62 + 15 = 62 + 10 + 5 = 77 R
39 + 24 = 39 + 20 + 4 = 63 C
17 + 82 = 17 + 80 + 2 = 99 S
14 + 19 = 14 + 10 + 9 = 33 G
78 + 13 = 78 + 10 + 3 = 91 R

2. Trage den Buchstaben, der hinter der Rechnung steht, bei deiner Ergebniszahl ein.

60	63	90
I	C	H

81	58	100	31	71
L	I	E	B	E

33	77	83	99	51	91
G	R	Ä	S	E	R

LAMASCHRITTE — Seite 19

COOLER RECHENTRICK

Der Trick mit den Zehnern und Einern funktioniert nicht nur beim Addieren, sondern auch beim Subtrahieren!

Erst die Zehner … 86 - 14 = ?

86 - 10 = 76 … dann die Einer.

76 - 4 = 72

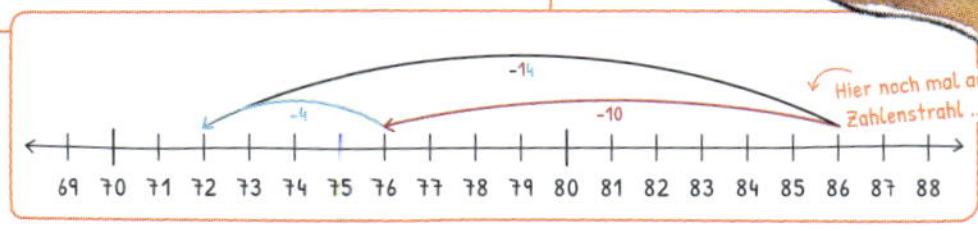

2. Ziehe zuerst die Zehner und dann die Einer ab und finde heraus, was Billi am liebsten frisst.

1. Rechne aus.

36 - 14 = 36 - 10 - 4 = 22 D
83 - 24 = 83 - 20 - 4 = 59 C
90 - 77 = 90 - 70 - 7 = 13 I
100 - 27 = 100 - 20 - 7 = 73 E
96 - 45 = 96 - 40 - 5 = 51 O
63 - 54 = 63 - 50 - 4 = 9 E
85 - 46 = 85 - 40 - 6 = 39 F

92 - 56 = 92 - 50 - 6 = 36 L
84 - 63 = 84 - 60 - 3 = 21 E
76 - 65 = 76 - 60 - 5 = 11 R
72 - 46 = 72 - 40 - 6 = 26 P
94 - 56 = 94 - 50 - 6 = 38 K
88 - 33 = 88 - 30 - 3 = 55 Ä
99 - 14 = 99 - 10 - 4 = 85 T

2. Trage den Buchstaben, der hinter der Rechnung steht, bei deiner Ergebniszahl ein.

22	13	59	38	21
D	I	C	K	E

11	51	85	73
R	O	T	E

55	26	39	9	36
Ä	P	F	E	L

Seite 20 — WO IST MEINE KOPPEL?

1. Hilf den Lamas und zeige ihnen ihre Koppel.

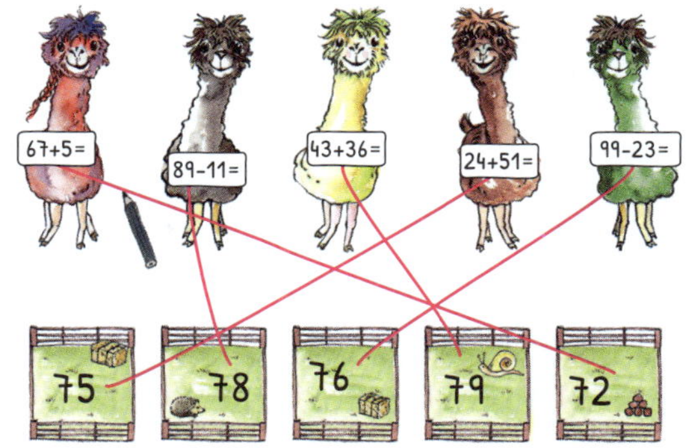

2. Rechne.
Fällt dir bei den Aufgaben etwas auf?

25 + 25 = 50	30 + 30 = 60	43 + 27 = 70
26 + 24 = 50	31 + 29 = 60	44 + 26 = 70
27 + 23 = 50	32 + 28 = 60	45 + 25 = 70
75 - 25 = 50	80 - 20 = 60	92 - 22 = 70
76 - 26 = 50	81 - 21 = 60	93 - 23 = 70
77 - 27 = 50	82 - 22 = 60	94 - 24 = 70

Die erste Zahl wird immer um eins größer, die zweite Zahl um eins kleiner. Und das Ergebnis? Bleibt gleich!

Lust online bis 100 zu rechnen? www.coollama.de/u532

Seite 22 — STROHSTADL

Hilf Franzl beim Lösen der Strohballen.

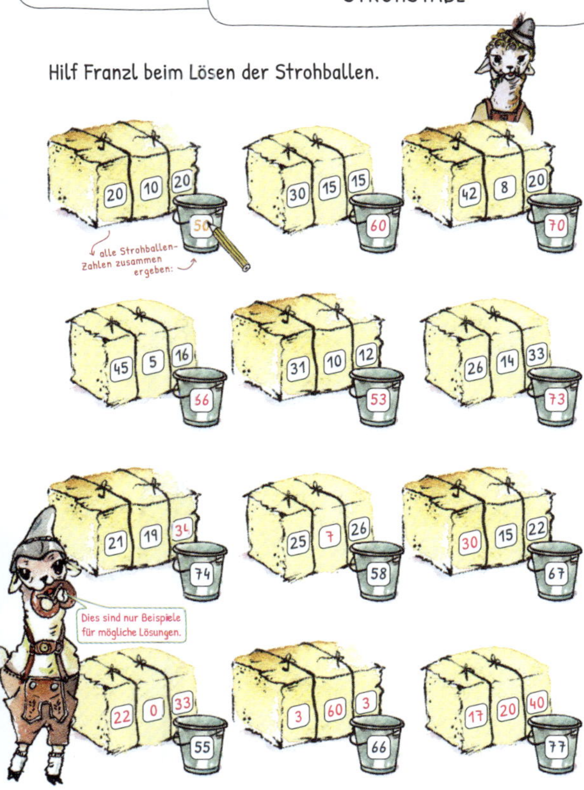

PROFESSOR PROTZI PRÜFT — Seite 23

Rechne und verdiene dir einen Ehrenköttel.
Du schaffst das!

meine erreichten Punkte

1. 6 + 3 = 9 | 5 + 4 = 9 | 8 - 3 = 5 | 7 - 5 = 2
60 + 30 = 90 | 50 + 40 = 90 | 80 - 30 = 50 | 70 - 50 = 20 — von 8

2. 40 + 20 = 60 | 40 + 30 = 70 | 70 + 30 = 100 | 40 + 50 = 90
60 - 20 = 40 | 70 - 30 = 40 | 100 - 30 = 70 | 90 - 50 = 40 — von 10

3. 18 + 12 = 18 + 10 + 2 = 30 | 64 - 22 = 64 - 20 - 2 = 42
24 + 36 = 24 + 30 + 6 = 60 | 24 - 16 = 24 - 10 - 6 = 8
33 + 49 = 33 + 40 + 9 = 82 | 53 - 17 = 53 - 10 - 7 = 36 — von 22

4. 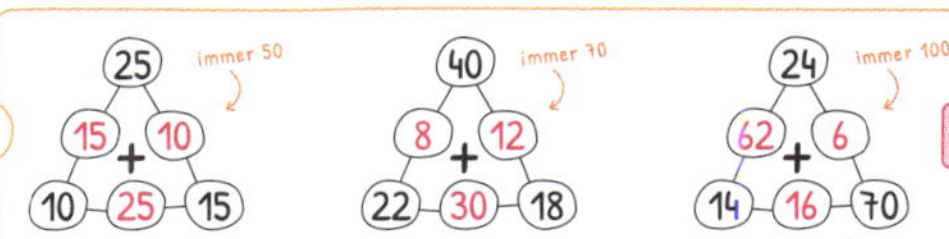

von 9

5. 

von 3

6. Quizfrage: Was hat zwei Flügel und kann nicht fliegen? Die Nase! — von 1

Vergleiche mit deinen Ergebnissen und zähle deine Punkte zusammen.

27-35 Punkte | 36-44 Punkte | 45-53 Punkte

Seite 24 – WAS MAG ICH NICHT

Wen oder was mag ich gar nicht? Suche in der Buchstabenbox nach 10 Wörtern und finde es heraus.

R	W	R	E	G	E	N	R	H	I
P	U	P	P	E	N	L	M	U	S
D	K	Ä	F	E	R	A	R	V	I
I	Ä	P	A	K	G	S	O	U	N
X	L	E	R	N	E	N	R	S	G
S	T	W	C	K	M	Ä	U	S	E
Q	E	O	K	E	Ü	A	S	J	N
X	W	U	P	K	S	E	N	Ü	W
J	S	I	T	Z	E	N	C	K	A
R	Ä	L	S	P	I	N	N	E	N

1. REGEN
2. PUPPEN
3. KÄFER
4. LERNEN
5. MÄUSE
6. SITZEN
7. SPINNEN
8. KÄLTE
9. GEMÜSE
10. SINGEN

PLUS UND MAL – Seite 25

Finde zu jedem Bild die passende Plus- und Malaufgabe.

- 2 + 2 = 4; 2 · 2 = 4
- 2 + 2 + 2 = 6; 3 · 2 = 6
- 1 + 1 + 1 + 1 = 4; 4 · 1 = 4
- 2 + 2 + 2 + 2 = 8; 4 · 2 = 8
- 3 + 3 + 3 = 9; 3 · 3 = 9
- 4 + 4 + 4 = 12; 3 · 4 = 12
- 5 + 5 = 10; 2 · 5 = 10
- 5 + 5 + 5 = 15; 3 · 5 = 15
- 2 + 2 + 2 = 6; 3 · 2 = 6
- 3 + 3 + 3 + 3 + 3 = 15; 5 · 3 = 15

Seite 26 – MAL 1, MAL 2, MAL 10

1. Hilf den Lamas und löse die Malreihen.

1-er Reihe	2-er Reihe	10-er Reihe
1 · 1 = 1	1 · 2 = 2	1 · 10 = 10
2 · 1 = 2	2 · 2 = 4	2 · 10 = 20
3 · 1 = 3	3 · 2 = 6	3 · 10 = 30
4 · 1 = 4	4 · 2 = 8	4 · 10 = 40
5 · 1 = 5	5 · 2 = 10	5 · 10 = 50
6 · 1 = 6	6 · 2 = 12	6 · 10 = 60
7 · 1 = 7	7 · 2 = 14	7 · 10 = 70
8 · 1 = 8	8 · 2 = 16	8 · 10 = 80
9 · 1 = 9	9 · 2 = 18	9 · 10 = 90
10 · 1 = 10	10 · 2 = 20	10 · 10 = 100

Höchtest du online die Malreihen trainieren? www.coollama.de/u3312

2. Ergänze die Köttel-Reihen.

1, 2, 3, 4, 5, 6, 7, 8, 9, 10

2, 4, 6, 8, 10, 12, 14, 16, 18, 20

10, 20, 30, 40, 50, 60, 70, 80, 90, 100

TAUSCHAUFGABEN – Seite 27

COOLER RECHENTRICK

1 · 5 = 5
5 · 1 = 5

Die Zahlen werden getauscht, das Ergebnis bleibt gleich!

1. Rechne mit dem Trick.

- 2 · 5 = 10; 5 · 2 = 10
- 3 · 5 = 15; 5 · 3 = 15
- 4 · 5 = 20; 5 · 4 = 20
- 5 · 5 = 25; 5 · 5 = 25

2. Löse die Aufgaben und verbinde Aufgabe und Tauschaufgabe.

3 · 5 = 15	5 · 3 = 15
10 · 5 = 50	5 · 10 = 50
5 · 5 = 25	5 · 5 = 25
6 · 5 = 30	5 · 6 = 30
4 · 5 = 20	5 · 4 = 20

Seite 28 — MAL 5 UND QUADRATAUFGABEN

1. Fülle die Malreihen.

5-er Reihe
1 · 5 = 5
2 · 5 = 10
3 · 5 = 15
4 · 5 = 20
5 · 5 = 25
6 · 5 = 30
7 · 5 = 35
8 · 5 = 40
9 · 5 = 45
10 · 5 = 50

Quadrataufgaben
1 · 1 = 1
2 · 2 = 4
3 · 3 = 9
4 · 4 = 16
5 · 5 = 25
6 · 6 = 36
7 · 7 = 49
8 · 8 = 64
9 · 9 = 81
10 · 10 = 100

Lust online die Quadrataufgaben zu üben? www.coollama.de/u3315

2. Ergänze die Köttel-Reihe.

5 – 10 – 15 – 20 – 25 – 30 – 35 – 40 – 45 – 50

3. Rechne.

9 · 5 = 45	10 = 5 · 2	16 = 4 · 4	36 = 6 · 6
10 · 5 = 50	35 = 5 · 7	64 = 8 · 8	25 = 5 · 5
8 · 5 = 40	5 = 5 · 1	100 = 10 · 10	49 = 7 · 7
4 · 5 = 20	15 = 5 · 3	4 = 2 · 2	81 = 9 · 9
6 · 5 = 30	25 = 5 · 5	9 = 3 · 3	1 = 1 · 1

Seite 29 — LAMA-FAKTEN

Von wem stammen Lamas ab?
Rechne und finde es heraus!

1. Rechne aus.

5 · 5 = 25 N
6 · 10 = 60 D
4 · 4 = 16 V
9 · 2 = 18 E
3 · 5 = 15 E
10 · 1 = 10 N
8 · 10 = 80 O
9 · 9 = 81 E
6 · 5 = 30 N
7 · 2 = 14 A
5 · 10 = 50 L
7 · 5 = 35 M
10 · 10 = 100 K

2. Trage den Buchstaben, der hinter der Rechnung steht, bei deiner Ergebniszahl ein.

16	80	25
V	O	N

60	18	10
D	E	N

100	14	35	15	50	81	30
K	A	M	E	L	E	N

Seite 30 — IN DER FUTTERKAMMER

Die Futterkammer ist der Lieblingsort von Fressi. Leider hat er einige der Zahlen auf Eimern und Heuballen einfach aufgemampft. Hilf ihm die Lücken zu füllen.

+	33	12
21	54	33
45	78	57

21 + 33 = 54

−	15	27
48	33	21
99	84	72

·	5	10
2	10	20
5	25	50

Kannst du auch mal?

+	14	21
53	67	74
62	76	83

−	24	36
66	42	30
75	51	39

·	4	2
4	16	8
10	40	20

22 + 10 + 18 = 50

Seite 31 — WER WAR'S?

Ups, wer hat denn hier gepupst?!
Rechne die Aufgaben der Reihenfolge nach aus.
Markiere das Ergebnis und finde den Übeltäter!

13	42	60	25	52	74	45	16
90	9	41	71	7	18	64	17
1	50	37	4	29	40	55	23
15	6	81	82	12	73	40	21
16	80	36	25	10	49	3	9
51	38	15	81	30	20	36	40
21	89	81	15	70	100	7	76
9	10	6	55	7	10	3	11

a) 1 · 1 = 1
b) 32 + 18 = 50
c) 3 · 3 = 9
d) 76 − 35 = 41
e) 46 + 25 = 71
f) 2 · 2 = 4
g) 99 − 17 = 82
h) 5 · 5 = 25
i) 6 · 6 = 36
j) 45 + 35 = 80
k) 100 − 62 = 38
l) 34 + 55 = 89
m) 9 · 9 = 81
n) 43 − 28 = 15
o) 38 + 32 = 70
p) 10 · 10 = 100
q) 42 − 22 = 20
r) 7 · 7 = 49
s) 59 + 14 = 73
t) 94 − 54 = 40
u) 33 + 22 = 55
v) 8 · 8 = 64
w) 16 + 29 = 45
x) 4 · 4 = 16

Seite 32 — AUFRUNDEN UND ABZIEHEN

COOLER RECHENTRICK

So funktioniert's bei Plusaufgaben!

25 + 19 = 44
25 + 20 = 45
45 − 1 = 44

① Die 19 liegt nah an der 20. 25 + 20 ist einfach.
② Ich habe 1 zu viel dazugerechnet, also muss ich 1 wieder abziehen. Schon habe ich das Ergebnis.

1. Rechne mit dem Trick.

54 + 29 = 83	67 + 18 = 85	33 + 28 = 61	18 + 79 = 97
54 + 30 = 84	67 + 20 = 87	33 + 30 = 63	18 + 80 = 98
84 − 1 = 83	87 − 2 = 85	63 − 2 = 61	98 − 1 = 97
26 + 38 = 64	15 + 19 = 34	28 + 68 = 96	34 + 29 = 63
26 + 40 = 66	15 + 20 = 35	28 + 70 = 98	34 + 30 = 64
66 − 2 = 64	35 − 1 = 34	98 − 2 = 96	64 − 1 = 63

2. Rechne.

Verwende auch hier den coolen neuen Rechentrick!

73 / 34 39 / 15 19 20

90 / 48 42 / 20 28 14

69 / 40 29 / 22 18 11

68 / 48 20 / 29 19 1

100 / 80 20 / 69 11 9

Seite 33 — AUFRUNDEN UND DAZURECHNEN

COOLER RECHENTRICK

So funktioniert's bei Minusaufgaben!

25 − 19 = 6
25 − 20 = 5
5 + 1 = 6

① Die 19 liegt nah an der 20. 25 − 20 ist einfach.
② Ich habe 1 zu viel abgezogen, also muss ich 1 wieder dazurechnen. Schon habe ich das Ergebnis.

1. Rechne mit dem Trick.

77 − 19 = 58	95 − 27 = 68	63 − 48 = 15	52 − 39 = 13
77 − 20 = 57	95 − 30 = 65	63 − 50 = 13	52 − 40 = 12
57 + 1 = 58	65 + 3 = 68	13 + 2 = 15	12 + 1 = 13
37 − 18 = 19	59 − 28 = 31	90 − 58 = 32	44 − 9 = 35
37 − 20 = 17	59 − 30 = 29	90 − 60 = 30	44 − 10 = 34
17 + 2 = 19	29 + 2 = 31	30 + 2 = 32	34 + 1 = 35

2. Rechne.

Klappt der coole neuen Rechentrick auch hier?

40 / 28 12 / 24 4 8

80 / 61 19 / 52 9 10

96 / 78 18 / 77 1 17

70 / 11 59 / 1 10 49

100 / 69 31 / 54 15 16

Seite 34 — EIN TAG AM MEER

Linus und Lotti verbringen den Tag am Meer. Findest du heraus, was sie dort alles machen? Rechne und male das Ergebnisfeld in der passenden Farbe an.

17 + 19 = 36

65 + 15 = 80

7 · 7 = 49

89 − 19 = 70

60 − 28 = 32

75 − 9 = 66

6 · 5 = 30

8 · 8 = 64

3 · 3 = 9

Seite 35 — PROFESSOR PROTZI PRÜFT

Rechne und verdiene dir einen Ehrenköttel. Du schaffst das!

meine erreichten Punkte

1.
8 · 2 = 16 | 4 · 5 = 20 | 7 · 10 = 70 | 7 · 5 = 35
2 · 8 = 16 | 5 · 4 = 20 | 10 · 7 = 70 | 5 · 7 = 35
von 8

2.
4 · 4 = 16 | 5 · 5 = 25 | 9 · 9 = 81 | 7 · 7 = 49
2 · 2 = 4 | 6 · 6 = 36 | 8 · 8 = 64 | 10 · 10 = 100
von 8

3.
30 + 19 = 49 | 59 + 9 = 68 | 16 + 29 = 45 | 28 + 28 = 56
60 − 29 = 31 | 55 − 19 = 36 | 51 − 38 = 13 | 80 − 29 = 51
von 8

4.
56 / 28 28 / 20 8 20

57 / 28 29 / 9 19 10

87 / 38 49 / 18 20 29

45 / 19 26 / 9 10 16

70 / 11 59 / 2 9 50

62 / 50 12 / 48 2 10

von 18

5. Quizfrage: Wie nennt man einen Schneemann im Sommer? Pfütze!
von 1

Vergleiche mit deinen Ergebnissen und zähle deine Punkte zusammen.

17–25 Punkte | 26–34 Punkte | 35–43 Punkte

Seite 36 — WEN SUCHE ICH?

Finde heraus, welches Lama Gaudi hier sucht.

1. Die Augenfarbe des Lamas ist schwarz.
2. Es trägt keine Kappe.
3. Seine Fellfarbe ist weder orange noch braun.
4. Die Ohren des Lamas sind aufgerichtet.
5. Der Nachbar hat gelbes Fell.
6. Das Lama schwärmt für Lani.
7. Das Lama unter dem gesuchten Lama trägt eine Krone.

Gaudi, das Spaß-Lama der Truppe und zuständig für lustige Rätsel

MAL 4, MAL 6, MAL 8 — Seite 37

1. Hier wird wieder deine Hilfe beim Lösen der Malreihen benötigt.

4-er Reihe	6-er Reihe	8-er Reihe
1 · 4 = 4	1 · 6 = 6	1 · 8 = 8
2 · 4 = 8	2 · 6 = 12	2 · 8 = 16
3 · 4 = 12	3 · 6 = 18	3 · 8 = 24
4 · 4 = 16	4 · 6 = 24	4 · 8 = 32
5 · 4 = 20	5 · 6 = 30	5 · 8 = 40
6 · 4 = 24	6 · 6 = 36	6 · 8 = 48
7 · 4 = 28	7 · 6 = 42	7 · 8 = 56
8 · 4 = 32	8 · 6 = 48	8 · 8 = 64
9 · 4 = 36	9 · 6 = 54	9 · 8 = 72
10 · 4 = 40	10 · 6 = 60	10 · 8 = 80

2. Ergänze die Köttel-Reihen.

Lust auf eine Einmaleins-Girlande? www.coollama.de/p3312

4 – 8 – 12 – 16 – 20 – 24 – 28 – 32 – 36 – 40

6 – 12 – 18 – 24 – 30 – 36 – 42 – 48 – 54 – 60

8 – 16 – 24 – 32 – 40 – 48 – 56 – 64 – 72 – 80

Seite 38 — BRO SCHON WIEDER!

Bro hat mal wieder etwas kaputt gemacht. Löse die Aufgaben und finde heraus was es diesmal war.

1. Löse alle Aufgaben. Beginne mit der linken Spalte.

3·4 =	12 → P	14 → F	8·8 =	46 → A	64 → B
5·8 =	40 → R	120 → T	9·8 =	100 → L	72 → R
6·6 =	63 → L	36 → O	3·6 =	18 → I	28 → E
9·6 =	38 → U	54 → T	4·6 =	30 → M	24 → L
7·6 =	42 → Z	35 → F	10·4 =	50 → H	40 → L
5·4 =	20 → I	16 → N	9·4 =	36 → E	45 → P
6·4 =	14 → E	24 → S			

2. Das passende Ergebnis verrät dir den richtigen Buchstaben.

Bro, der Chaot der Lama-Truppe

3. Lösungswort

P R O T Z I S

B R I L L E

KÖTTEL-ALARM — Seite 39

Jedes Lama hat gleich viele Köttel auf der Koppel verloren. Wie viele sind pro Lama? Rechne.

Wenn es dir hilft, umkreise die Köttel jedes Lamas.

2 : 2 = 1   4 : 2 = 2   6 : 2 = 3

8 : 2 = 4   10 : 2 = 5   12 : 2 = 6

Seite 40 — LECKER, ÄPFEL!

1. Die Lamas lieben Äpfel! Verteile gerecht. Wie viele Äpfel bekommt jedes Lama?

4 : 2 = 2

8 : 2 = 4

9 : 3 = 3

15 : 3 = 5

12 : 4 = 3

16 : 4 = 4

2. Löse die Tabellen.

Rechne :1	1	2	3	4	5	6	7	8	9	10
	1	2	3	4	5	6	7	8	9	10

Rechne :10	10	20	30	40	50	60	70	80	90	100
	1	2	3	4	5	6	7	8	9	10

Rechne :2	2	4	6	8	10	12	14	16	18	20
	1	2	3	4	5	6	7	8	9	10

UMKEHRAUFGABEN — Seite 41

COOLER RECHENTRICK

Wusstest du, dass Umkehraufgaben auch bei mal und geteilt funktionieren?

10 : 2 = 5   10 · 2 = 20

5 · 2 = 10   20 : 2 = 10

Schwupps, ich mache meine Rechnung wieder rückgängig!

Wie oft passt die 10 in die 100? — Die Umkehraufgabe zeigt: Die 10 passt zehnmal in die 100!

100 : 10 = 10	10 · 10 = 100
100 : 10 = 10	10 · 10 = 100
90 : 10 = 9	9 · 10 = 90
80 : 10 = 8	8 · 10 = 80
70 : 10 = 7	7 · 10 = 70
60 : 10 = 6	6 · 10 = 60
50 : 10 = 5	5 · 10 = 50
40 : 10 = 4	4 · 10 = 40
30 : 10 = 3	3 · 10 = 30
20 : 10 = 2	2 · 10 = 20
10 : 10 = 1	1 · 10 = 10

Wie oft passt die 5 in die 15? — Die Umkehraufgabe hilft dir!

15 : 5 = 3	3 · 5 = 15
15 : 5 = 3	3 · 5 = 15
20 : 5 = 4	4 · 5 = 20
50 : 5 = 10	10 · 5 = 50
45 : 5 = 9	9 · 5 = 45
35 : 5 = 7	7 · 5 = 35
30 : 5 = 6	6 · 5 = 30
5 : 5 = 1	1 · 5 = 5
40 : 5 = 8	8 · 5 = 40
10 : 5 = 2	2 · 5 = 10
25 : 5 = 5	5 · 5 = 25

Seite 42 — LAMA-FAMILIEN

Beispiel: 8 4 2

2	·	4	=	8
4	·	2	=	8
8	:	2	=	4
8	:	4	=	2

Bilde mit den Zahlen jeweils zwei Aufgabenfamilien.

Aufgabenfamilie 1	Aufgabenfamilie 2
2 · 5 = 10	3 · 6 = 18
5 · 2 = 10	6 · 3 = 18
10 : 5 = 2	18 : 6 = 3
10 : 2 = 5	18 : 3 = 6

Aufgabenfamilie 1	Aufgabenfamilie 2
4 · 8 = 32	6 · 10 = 60
8 · 4 = 32	10 · 6 = 60
32 : 8 = 4	60 : 6 = 10
32 : 4 = 8	60 : 10 = 6

Aufgabenfamilie 1	Aufgabenfamilie 2
9 · 8 = 72	7 · 6 = 42
8 · 9 = 72	6 · 7 = 42
72 : 8 = 9	42 : 6 = 7
72 : 9 = 8	42 : 7 = 6

Du kannst die Aufgaben natürlich auch in einer anderen Reihenfolge geschrieben haben.

DAS KANN ICH GUT — Seite 43

Was kann ich besonders gut?
Rechne und finde es heraus.

Rechne aus.

10 · 2 = 20
8 : 2 = 4
5 · 5 = 25

3 · 4 = 12
15 : 5 = 3
25 : 5 = 5
10 : 2 = 5

50 : 5 = 10
10 · 8 = 80
4 · 4 = 16

8 · 2 = 16
9 : 3 = 3
15 : 3 = 5
3 · 6 = 18
9 · 4 = 36
20 : 4 = 5

Suche nach dem passenden Buchstaben für dein Ergebnis.

12	K
5	N
20	I
16	T
4	C
3	A
25	H
80	U
18	Z
10	G
36	E

Setze die Buchstaben der Reihe nach an die richtige Stelle.

I C H   K A N N   G U T   T A N Z E N.

Lust online noch mehr Mal- und Geteilt-aufgaben zu rechnen? www.coollama.de/u831

Seite 44

LAMA KUNTERBUNT

Löse die Aufgaben und male in den entsprechenden Farben an.

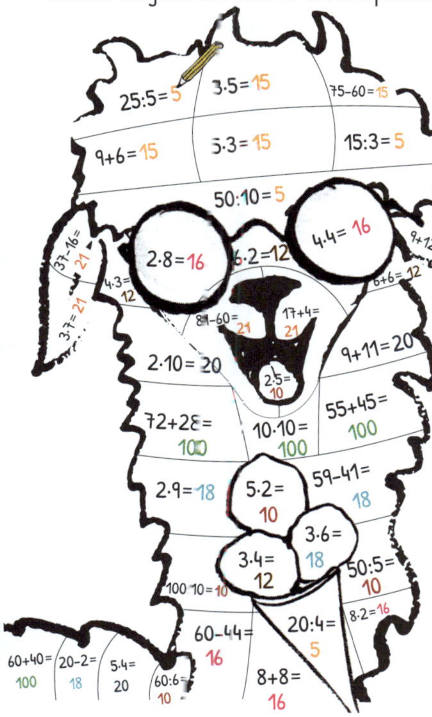

gelb	= 5, 15
orange	= 21
rot	= 16
braun	= 10
dunkelblau	= 20
hellblau	= 18
grün	= 100
dunkelbraun	= 12

RECHEN-MIX

Seite 45

1. Löse die Tabellen.

Rechne ·4	4	8	12	16	20	24	28	32	36	40	Rechne ·4
	1	2	3	4	5	6	7	8	9	10	

Rechne :6	6	12	18	24	30	36	42	48	54	60	Rechne ·6
	1	2	3	4	5	6	7	8	9	10	

Rechne :8	8	16	24	32	40	48	56	64	72	80	Rechne ·8
	1	2	3	4	5	6	7	8	9	10	

2. Löse die Päckchen aus Aufgabe und Umkehraufgabe.

4 · 5 = 20
20 : 5 = 4

4 · 8 = 32
32 : 8 = 4

6 · 6 = 36
36 : 6 = 6

9 · 8 = 72
72 : 8 = 9

30 : 6 = 5
5 · 6 = 30

32 : 4 = 8
8 · 4 = 32

40 : 10 = 4
4 · 10 = 40

48 : 8 = 6
6 · 8 = 48

3. Rechne.

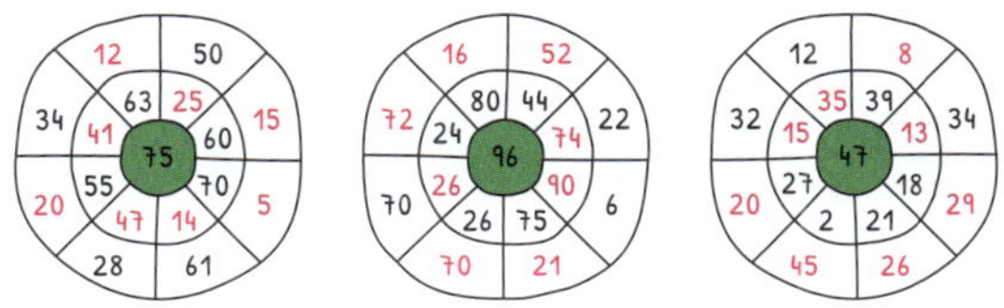

Seite 46

LAMAFÜTTERUNG

Lamafütterung! Welches Lama hat sich wie viele Leckerlis gesichert? Rechne aus.

- Bro hat zwei Leckerlis.
- Fressi hat fünfmal so viele Leckerlis wie Bro.
- Franzl hat sogar zehnmal so viele Leckerlis wie Bro!

Schreibe hier deine Rechnung auf

5 · 2 = 10 10 · 2 = 20

- Protzi hat 10 Leckerlis.
- Lani hat nur halb so viele Leckerlis wie Protzi.
- Naturi hat doppelt so viele Leckerlis wie Protzi.

10 : 2 = 5 2 · 10 = 20

- Yogi hat zweimal vier Leckerlis abgestaubt.
- Bo hat nur halb so viele Leckerlis wie Yogi.
- Fressi hat zehnmal so viele Leckerlis wie Yogi.

2 · 4 = 8 8 : 2 = 4 10 · 8 = 80

PROFESSOR PROTZI PRÜFT

Seite 47

Rechne und verdiene dir einen Ehrenköttel.
Du schaffst das!

meine erreichten Punkte

1. 6 12 18 24 30 36 42 48 54 60 — von 8

2.

Rechne :8	8	16	24	32	40	48	56	64	72	80	Rechne ·8
	1	2	3	4	5	6	7	8	9	10	

von 10

3. 6 · 4 = 24 24 : 4 = 6 9 · 4 = 36 36 : 4 = 9 28 : 4 = 7 7 · 4 = 28 40 : 4 = 10 10 · 4 = 40 — von 10

4.

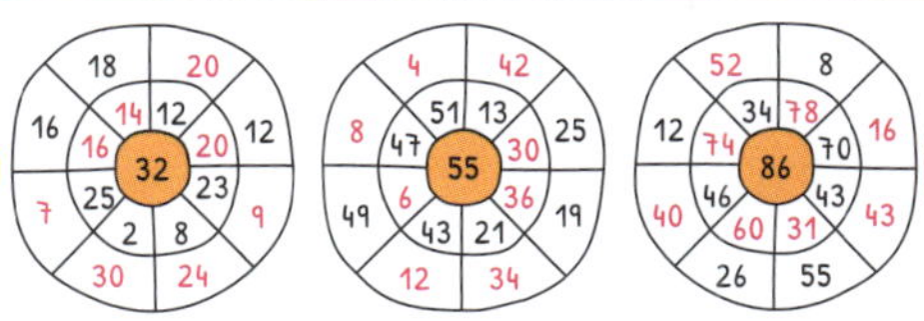

von 24

6. Quizfrage: Wer riecht, obwohl er keine Nase hat? Der Käse! — von 1

Vergleiche mit deinen Ergebnissen und zähle deine Punkte zusammen.

27-35 Punkte 36-44 Punkte 45-53 Punkte

Seite 48 – KÖTTEL-CHAOS

In jedem Köttelhaufen versteckt sich ein Wort aus der Natur. Findest du es?

W / A S / S R E	WASSER
A / E S / M I E	AMEISE
W / L O / K E N	WOLKEN
B / E I / N E N	BIENEN
S / E I / T N E	STEINE
B / E L / M U N	BLUMEN
Q / U L / E L E	QUELLE
W / Z L / R U E	WURZEL
Z / G I / E N E	ZIEGEN

Seite 49 – MAL 3, MAL 7, MAL 9

1. Hier wird deine Hilfe beim Lösen der Malreihen benötigt.

Kann's losgehen?

3-er Reihe	7-er Reihe	9-er Reihe
1 · 3 = 3	1 · 7 = 7	1 · 9 = 9
2 · 3 = 6	2 · 7 = 14	2 · 9 = 18
3 · 3 = 9	3 · 7 = 21	3 · 9 = 27
4 · 3 = 12	4 · 7 = 28	4 · 9 = 36
5 · 3 = 15	5 · 7 = 35	5 · 9 = 45
6 · 3 = 18	6 · 7 = 42	6 · 9 = 54
7 · 3 = 21	7 · 7 = 49	7 · 9 = 63
8 · 3 = 24	8 · 7 = 56	8 · 9 = 72
9 · 3 = 27	9 · 7 = 63	9 · 9 = 81
10 · 3 = 30	10 · 7 = 70	10 · 9 = 90

2. Ergänze die Köttel-Reihen.

Na, Lust auf eine kleine Einmaleins-Herausforderung? www.coollama.de/u333

3 – 6 – 9 – 12 – 15 – 18 – 21 – 24 – 27 – 30

7 – 14 – 21 – 28 – 35 – 42 – 49 – 56 – 63 – 70

9 – 18 – 27 – 36 – 45 – 54 – 63 – 72 – 81 – 90

Seite 50 – MATHE-YOGA

1. Löse die Tabellen.

Rechne :3	3	6	9	12	15	18	21	24	27	30	Rechne ·3
	1	2	3	4	5	6	7	8	9	10	

Rechne :7	7	14	21	28	35	42	49	56	63	70	Rechne ·7
	1	2	3	4	5	6	7	8	9	10	

Rechne :9	9	18	27	36	45	54	63	72	81	90	Rechne ·9
	1	2	3	4	5	6	7	8	9	10	

2. Rechne.

15 : 3 = 5	70 : 7 = 10	9 : 9 = 1
30 : 3 = 10	14 : 7 = 2	27 : 9 = 3
18 : 3 = 6	42 : 7 = 6	18 : 9 = 2
27 : 3 = 9	35 : 7 = 5	81 : 9 = 9
9 : 3 = 3	56 : 7 = 8	72 : 9 = 8
24 : 3 = 8	28 : 7 = 4	36 : 9 = 4
6 : 3 = 2	49 : 7 = 7	54 : 9 = 6
21 : 3 = 7	63 : 7 = 9	63 : 9 = 7
3 : 3 = 1	21 : 7 = 3	90 : 9 = 10
12 : 3 = 4	7 : 7 = 1	45 : 9 = 5

Seite 51 – AUFGABEN ERFINDEN

Wer sagt denn, dass immer nur wir die Aufgaben vorgeben dürfen? Jetzt bist DU dran!
Erfinde Rechnungen passend zu den Ergebnissen.

15	10+5= · 27-12= · 3·5=
30	15+15= · 70-40= · 10·3=
9	4+5= · 18-9= · 18:2=
21	11+10= · 51-30= · 7·3=
90	50+40= · 95-5= · 9·10=
3	2+1= · 15-12= · 27:9=
7	4+3= · 20-13= · 21:3=
35	15+20= · 60-25= · 7·5=
6	3+3= · 20-14= · 36:6=

Dies sind nur einige Möglichkeiten!

Noch unsicher? Probiere, durch was du die Zahl teilen kannst: zum Beispiel 15:3=3 → 3·5=15

Nicht ganz sicher? Nutze die Umkehraufgabe: zum Beispiel 9·2=18 → 18:2=9

RECHENRÄTSEL

Welche Aktivität wünscht sich Linus zum Geburtstag?
Rechne die Aufgaben aus und löse das Rätsel.

1. Löse alle Aufgaben.

49 : 7	26 + 14	5 · 7	3 · 6	96 − 56	3 · 5
7	40	35	18	40	15
Z	E	L	T	E	N

3. Trage den Buchstaben ein und finde so die Lösung.

67 + 33	55 − 15	20 : 4	17 + 23	5 · 3
100	40	5	40	15
G	E	H	E	N

2. Suche den passenden Buchstaben zu deinem Ergebnis.

7	40	15	100	5	18	35
Z	E	N	G	H	T	L

WILLI WIEDERHOLT

Lama Willi wiederholt mit dir nochmal das Gelernte.

1. Löse die Tabellen. Fällt dir etwas auf?

Die Geteilttabellen zeigen die Umkehraufgaben der Maltabellen!

Hier geht's mit geteilt weiter!

1 · 3 = 3

·	3
1	3
3	9
5	15
2	6
4	12
8	24
6	18
9	27
7	21
10	30

:	3
3	1
9	3
15	5
6	2
12	4
24	8
18	6
27	9
21	7
30	10

·	5
2	10
5	25
6	30
10	50
4	20
8	40
3	15
9	45
7	35
1	5

:	5
10	2
25	5
30	6
50	10
20	4
40	8
15	3
45	9
35	7
5	1

2. Rechne.

57 + 43 = 100
90 − 65 = 25
10 + 52 = 62

43 − 23 = 20
37 + 15 = 52
25 + 45 = 70

17 + 13 = 30
28 + 59 = 87
62 − 42 = 20

18 + 18 = 36
94 − 35 = 59
66 + 34 = 100

3. Löse die Zahlenmauern.

	94	
62	32	
44	18	14

	68	
40	28	
31	9	19

	62	
50	12	
48	2	10

	100	
63	37	
55	8	29

WILLI WIEDERHOLT

Weiter geht's!

1. Löse die Rechenkreise.

2. Rechne.

Rechne :4	4	8	12	16	20	24	28	32	36	40	Rechne ·4
	1	2	3	4	5	6	7	8	9	10	

Rechne :6	6	12	18	24	30	36	42	48	54	60	Rechne ·6
	1	2	3	4	5	6	7	8	9	10	

Rechne :8	8	16	24	32	40	48	56	64	72	80	Rechne ·8
	1	2	3	4	5	6	7	8	9	10	

3. Ergänze die Köttelreihen.

7 – 14 – 21 – 28 – 35 – 42 – 49 – 56 – 63 – 70

9 – 18 – 27 – 36 – 45 – 54 – 63 – 72 – 81 – 90

OSTEREIER

So viele schöne Ostereier! Umkreise und rechne. Notiere auch immer den Rest, der bleibt.

11 : 2 = 5 R 1

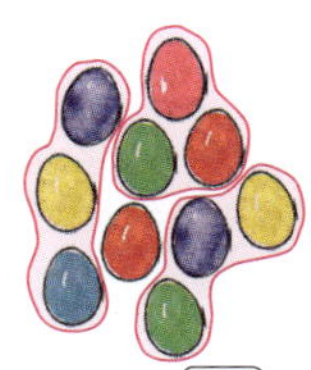

10 : 3 = 3 R 1

8 : 3 = 2 R 2

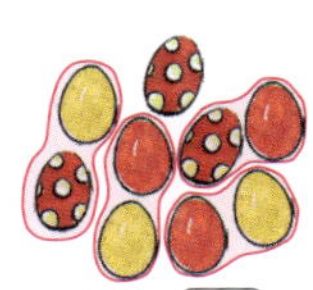

9 : 2 = 4 R 1

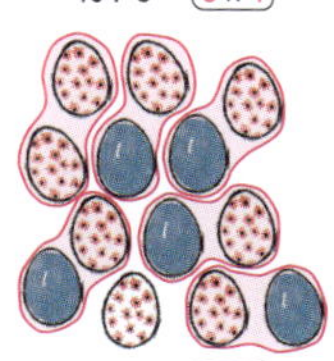

13 : 2 = 6 R 1

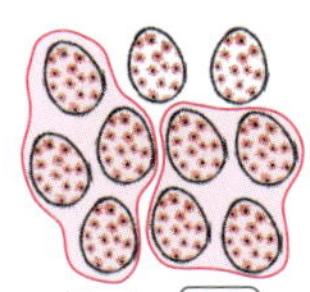

10 : 4 = 2 R 2

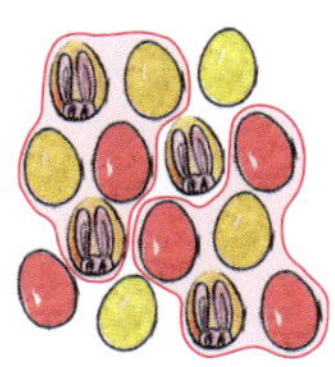

14 : 5 = 2 R 4

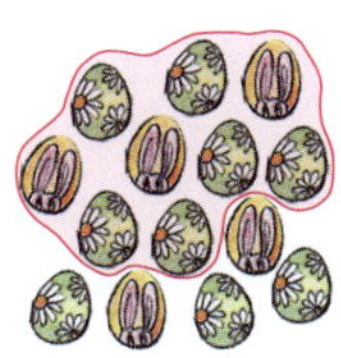

14 : 9 = 1 R 5

18 : 3 = 6 R 0

Seite 56 — MIESEPETER

Wo bleibt ein Rest? Rechne, markiere und finde heraus, warum Peter so schlecht drauf ist.

Kein Rest: Nicht markieren!
Hier bleibt ein Rest: Markiere!

18 : 9 =	2 R 0	A
17 : 2 =	8 R 1	H
16 : 4 =	4 R 0	P
26 : 5 =	5 R 1	A
10 : 6 =	1 R 4	U
20 : 7 =	2 R 6	S
21 : 7 =	3 R 0	P
37 : 6 =	6 R 1	A
30 : 6 =	5 R 0	O
91 : 10 =	9 R 1	U
82 : 10 =	8 R 2	F
82 : 8 =	10 R 2	G
49 : 7 =	7 R 0	L
41 : 8 =	5 R 1	A
26 : 4 =	6 R 2	B
45 : 5 =	9 R 0	M
28 : 9 =	3 R 1	E
62 : 7 =	8 R 6	N

Seite 58 — PROFESSOR PROTZI PRÜFT

Rechne und verdiene dir einen Ehrenköttel. Du schaffst das!

meine erreichten Punkte

1. (von 9)

40 + 40 = 80 | 93 − 23 = 70 | 84 + 16 = 100
90 − 30 = 60 | 48 + 18 = 66 | 28 + 24 = 52
10 + 85 = 95 | 25 + 5 = 30 | 64 − 22 = 42

2. (von 20)

Rechne :3	3	6	9	12	15	18	21	24	27	30	Rechne ·3
	1	2	3	4	5	6	7	8	9	10	

Rechne :6	6	12	18	24	30	36	42	48	54	60	Rechne ·6
	1	2	3	4	5	6	7	8	9	10	

3. (von 9)

Mauer 1	Mauer 2	Mauer 3
100	100	65
50, 50	49, 51	30, 35
24, 26, 24	25, 24, 27	17, 13, 22

4. (von 18)

9 : 2 = 4 R 1 | 11 : 2 = 5 R 1 | 17 : 4 = 4 R 1
12 : 3 = 4 R 0 | 20 : 9 = 2 R 2 | 22 : 7 = 3 R 1
31 : 10 = 3 R 1 | 10 : 3 = 3 R 1 | 10 : 2 = 5 R 0

5. (von 1) Quizfrage: Bei welchem Brand gibt es kein Feuer?
Beim Sonnenbrand!

Vergleiche mit deinen Ergebnissen und zähle deine Punkte zusammen.

31–39 Punkte | 40–48 Punkte | 49–57 Punkte

Seite 60 — GEOMETRISCHE KÖRPER

Jedes Lama soll seinen Lieblingskörper vorstellen. Hilf den Lamas.

	Würfel	Kegel	Quader
Ecken:	8	1	8
Kanten:	12	1	12
Flächen:	6	2	6

	Pyramide	Zylinder	Kugel
Ecken:	5	0	0
Kanten:	8	2	0
Flächen:	5	3	1

Seite 61 — WER KOMMT PÜNKTLICH?

Die Lamas haben sich um halb fünf verabredet. Markiere.
Welches Lama kommt auf die Minute pünktlich? (grün)
Welche Lamas kommen zu spät? (rot)
Welche Lamas sind zu früh dran? (orange)

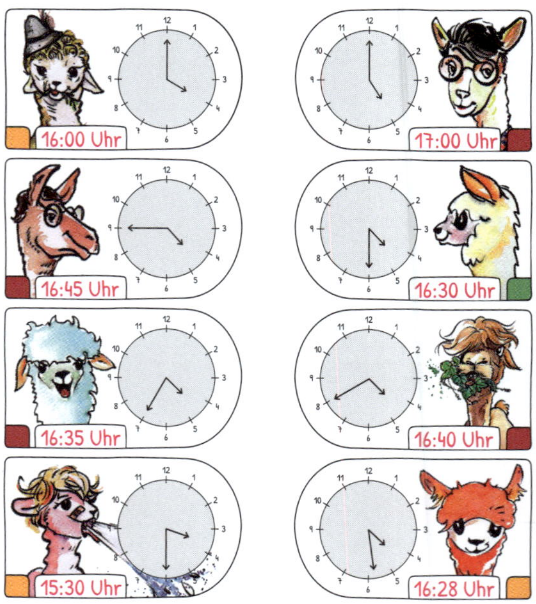

DIE LAMAHERDE

Mia Mathe
ist nie ohne Sonnenbrille unterwegs
und kennt coole Rechentricks.

COOLLAMA
ist der Chef der Truppe!

Gaudi
ist das Spaß-Lama und
zuständig für lustige Projekte.

Bo Body
ist der Fitnesstrainer aus der Lamahölle.

Yogi-Lama
sorgt für eure Entspannung
und Reflektion.

Bro
ist der Chaot
der Lamaherde.

Professor Protzi
weiß immer alles besser und
stellt euch auf die Probe.

Ina Investa
kennt sich super
mit Geld aus!

Kira Künstlerin
fördert eure
Kreativität.

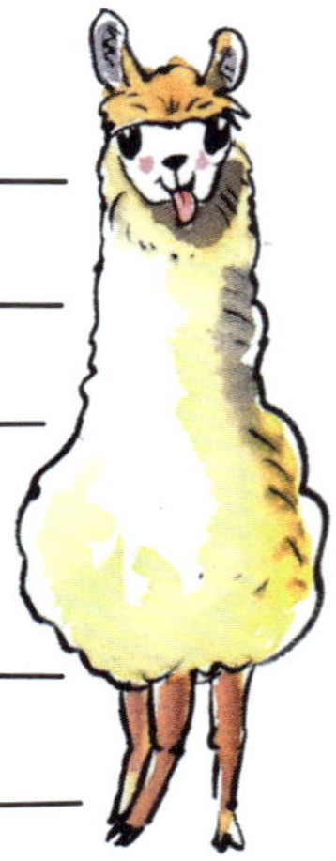

Schneide dir die Kästchen aus.
Schon hast du viel Platz für Notizen,
Grüße an deine Freundinnen und Freunde oder
für Dinge, die du nicht vergessen möchtest.

Um immer einen passenden
Notizzettel zur Hand zu
haben, kannst du die Seite
hier herunterladen:
www.coollama.de/pc1